Werner Kumm

PRAXIS DER
GPS-NAVIGATION

Delius Klasing Verlag

Von Werner Kumm sind im Delius Klasing Verlag darüber hinaus
folgende Titel erschienen:

GPS – Global Positioning System
Gezeitenkunde – Theorie und Praxis
Navigation leicht gemacht (Stein/Kumm)
Astronomische Navigation (Stein/Kumm)
Sporthochseeschifferschein (Kumm/Lübbers/Schultz)
Übungen und Aufgaben zum Sporthochseeschifferschein (Kumm/Lübbers/Schultz)

Titel der spanischen Ausgabe: Radionavegacion Manual del GPS

Die Deutsche Bibliothek - CIP-Einheitsaufnahme

Kumm, Werner:
Praxis der GPS-Navigation / Werner Kumm. – 3., aktualisierte Aufl. -
Bielefeld : Delius Klasing, 1999
(Praxiswissen)
ISBN 3-7688-1016-X

3., aktualisierte Auflage
ISBN 3-7688-1016-X

© Copyright by Delius, Klasing & Co.,
Siekerwall 21, 33602 Bielefeld
Umschlaggestaltung: Ekkehard Schonart
Gesamtherstellung: Media Print, Paderborn
Printed in Germany 1999

Inhalt

Vorwort

Der Siegeszug von GPS scheint unaufhaltsam. Vor einigen Jahren noch exotisch und teuer, sind GPS-Navigatoren durch die Fertigung in Millionen Stückzahlen inzwischen – fast – zu einem Massenartikel geworden. Angesichts der neuen, weniger als 300 Mark kostenden Zwerge wird die Vision vom Navigationsgerät am Handgelenk wohl schon in einigen Jahren Realität sein.

Apropos Armbanduhr: Eine Bedienungsanleitung (ein Manual also) braucht man dafür wohl kaum. Und wenn es darum geht, Zeit oder Datum neu einzustellen (beispielsweise im Urlaub in einer anderen Zeitzone), dann probiert man eben so lange, bis es klappt.

Und bei GPS? Etwas komplizierter als eine Armbanduhr ist ein GPS-Empfänger sicherlich. Hat ein Buch wie dieses gleichwohl seine Existenzberechtigung? Kommt man nicht auch mit der Bedienungsanleitung, dem Manual, allein zurecht?

Wiewohl die Hälfte des Volumens eines modernen GPS-Empfängers von Batterien eingenommen wird, zumindest bei den »Handys« unter den Navigatoren: Einfacher sind die Geräte nicht geworden. Tatsächlich hat die Miniaturisierung der Bauteile nicht nur zu deutlich kleineren Abmessungen und zur Verringerung des Gewichtes geführt. Sie war auch Vorraussetzung dafür, daß die Navigatoren wesentlich leistungsfähiger werden konnten. Moderne Anlagen leisten heute weit mehr als die reine Ortsbestimmung.

Zunehmende Bedeutung gewinnen Systeme, bei denen GPS nur als »Sensor« fungiert, wie beispielsweise elektronische Kartenplotter. Die hochgenaue Variante von GPS, das DGPS (Differential Global Positioning System), setzt sich ebenfalls immer mehr durch. In beiden Fällen spielt der Datenaustausch über sogenannte Schnittstellen eine wesentliche Rolle.

Will man die enorme Leistungsfähigkeit eines modernen GPS-Systems voll ausschöpfen, kommt man mit der Bedienungsanleitung allein nicht zurecht. Der Hersteller beschränkt sich in aller Regel im wesentlichen auf eine reine Beschreibung der Bedienfunktionen. Aus naheliegenden Gründen hat er kein Interesse daran, auf die Problematiken und die ganze Komplexität von GPS einzugehen.

Genau hier setzt dieses Buch an. Es soll Ihnen vermitteln, wie Sie Ihren GPS-Navigator erfolgreich einsetzen können. Auf die theoretischen Zusammenhänge wollen wir dabei nicht eingehen. Wer sich ausführlich über die Grundlagen von GPS informieren möchte, dem sei der Band 102 der Yacht-Bücherei »GPS – Global Positioning System« empfohlen.

Ob wir nun auf der Ostsee oder im Pazifik segeln, ob wir mit DGPS-Anlagen experimentieren oder uns ansehen, wie sich der GPS-Navigator mit angeschlossenen Geräten »unterhält«, ob wir mit einem elektronischen Kartenplotter navigieren oder im *Internet* surfen und nach GPS-Informationen suchen: Im Vordergrund steht immer die Praxis.

Damit sowohl der Einsteiger als auch der erfahrene Nutzer möglichst viel durch das Studium dieses Buches profitiert, ist es in zwei Teile gegliedert. Im ersten Teil wird der Leser Schritt für Schritt in die GPS-Navigation eingeführt, bis hin zum praktischen Einsatz der Wegpunktnavigation.

Wer schon GPS-Praxis besitzt, kann diesen ersten Teil etwas schneller durcharbeiten, um sich dann gleich Teil 2 zuzuwenden: »GPS für den Profi – oder für den, der es werden möchte«. Hier geht es beispielsweise um die bei allen neueren Geräten vorhandene Schnittstelle oder auch um elektronische Kartenplotter. Die Möglichkeiten und Grenzen solcher Systeme werden auf einem Törn ausgetestet.

Insbesondere in der Sportschiffahrt gibt es hinsichtlich Differential GPS noch ein großes Informationsdefizit. Wir gehen deshalb detailliert auf alle mit dem Einsatz von DGPS zusammenhängenden Fragen ein.

Ein ganz aktuelles Thema zum Schluß: das Internet. Nach einer grundlegenden Einführung wird an speziellen GPS-Beispielen veranschaulicht, welche phantastischen Möglichkeiten sich hier bieten.

Im Anhang schließlich finden Sie ein kleines Lexikon, in dem immer wiederkehrende und in Handbüchern häufig falsch übersetzte oder gar nicht aufgeführte englische GPS- und Navigations-Begriffe ins Deutsche übertragen und erläutert sind.

Ich hoffe, ich habe Sie neugierig gemacht, und wünsche Ihnen viel Erfolg.

Bremen, im Herbst 1998

GPS für den Einsteiger

Einführung

Die Tasten unserer neuen Wundermaschine haben wir selbstverständlich bereits in allen möglichen Kombinationen gedrückt. Zwischendurch ist auch schon einmal etwas auf dem Anzeigefeld aufgetaucht, was eine gewisse Ähnlichkeit mit Breite und Länge hatte, und schließlich haben wir auch schon die erhellenden Ausführungen des Handbuches auf uns wirken lassen — wobei sich die erwartete Erleuchtung allerdings (vermutlich) nicht in jedem Falle einstellte.

Eigentlich müßte das doch aber reichen. Wir könnten uns also nach diesen Vorarbeiten unseren GPS-Navigator schnappen — jedenfalls dann, wenn wir ein tragbares Gerät gekauft haben —, raus zum Boot fahren, ablegen und dann mal sehen, was sich tut. Funktionieren würde das schon. Aber die ganz wahre Methode ist es vielleicht doch nicht.

Wie sollten wir aber dann vorgehen? Am besten schauen wir uns erst einmal einige wenige Grundgegebenheiten von GPS an (»GPS auf einen Blick«, siehe nächsten Abschnitt). Dann machen wir unsere ersten Gehversuche (»Erste Schritte«, S. 12), und mit der ersten GPS-Position (»Der erste GPS-Ort«, S. 14) haben wir auch schon die erste Tonne erreicht.

Im Abschnitt »Vorbereitung für den Einsatz auf See« (S. 14) trauen wir uns schon etwas mehr zu. Solchermaßen gestärkt, studieren wir schließlich im Abschnitt »GPS in der Praxis auf See«, S. 27, die Hauptmöglichkeiten von GPS-Navigatoren im praktischen Einsatz.

Wie schon im Vorwort gesagt, verzichten wir bewußt auf jede Theorie. Auch speziellere Möglichkeiten von GPS-Geräten lassen wir in diesem Teil des Buches außer acht. Statt dessen wollen wir auf möglichst einfache, direkte und praxisnahe Weise einsteigen, was uns schnell zum Erfolg führt.

GPS auf einen Blick
Was ist GPS?

GPS ist die Abkürzung von *Global Positioning System*. Die vollständige Bezeichnung ist *NAVSTAR GPS*, wobei *NAVSTAR* abgeleitet wird von *Navigation System with Time and Ranging*. Wir können das übersetzen mit *Navigationssystem mit Zeit- und Abstandsbestimmung*. GPS ist ein vom Verteidigungsministerium der USA betriebenes und unterhaltenes militärisches Navigationssystem, das auch von zivilen Anwendern genutzt werden kann.

Was ist neu an GPS?

GPS ist ein *Satelliten-Navigationssystem.* Es kann daher weltweit und jederzeit, auch nachts und bei verminderter Sicht, eingesetzt werden.

Wie wird GPS genutzt?

Um GPS einsetzen zu können, benötigt man einen GPS-Empfänger. Dieses Gerät empfängt Funksignale von den Satelliten und wertet sie aus. Ergebnis dieser Auswertung sind die Position, die Geschwindigkeit und die Zeit.

Wo wird GPS genutzt?

GPS wird genutzt für die Navigation an Land, auf See und in der Luft. Daneben gibt es eine ständig wachsende Zahl weiterer Anwendungen, beispielsweise in der Vermessung.

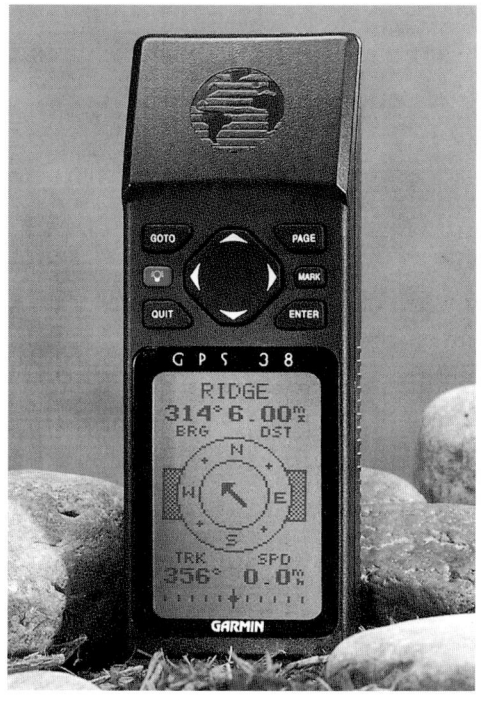

1 *GPS-Navigator GPS38 von Garmin (Elna).*

Erste Schritte
Gerätetypen und Beispielgerät

Wir nehmen unseren GPS-Navigator in die Hand und … ? Schon taucht das erste Problem auf. Es gibt ziemlich viele unterschiedliche GPS-Empfänger. Zunächst einmal ganz aufwendige Profianlagen zum Beispiel für Geodäten (Landvermesser). Solche Anlagen und natürlich auch militärische Systeme brauchen uns nicht weiter zu beschäftigen. Wir beschränken uns auf Geräte, die in unserem speziellen Interessenbereich, der Seefahrt, eingesetzt werden können.

Genaugenommen gibt es solche Geräte aber gar nicht. Praktisch alle GPS-Anlagen können zumindest an Land und auf See genutzt werden, oft auch noch in der Sportfliegerei. Wir können die uns interessierenden Empfänger aber zumindest in zwei Gruppen einteilen: in Navigatoren für den stationären Einsatz und in tragbare Geräte. Wenn Sie ein eigenes Boot besitzen, haben Sie sich wahrscheinlich eine stationäre Anlage gekauft. Wenn Sie hauptsächlich chartern, liegt jetzt vermutlich ein tragbares Gerät vor Ihnen.

Wenn wir uns im folgenden über GPS-Navigatoren etwas konkreter unterhalten wollen, müssen wir natürlich von einem Beispiel ausgehen. Wir wählen einen tragbaren Empfänger aus, und zwar den Garmin GPS38 (Abb. 1). Wenn dieses Gerät in der Praxis wegen seines günstigen Preises auch recht verbreitet ist, so ist es dennoch nicht sehr wahrscheinlich, daß Sie gerade diese Anlage besitzen. Trotzdem müssen Sie das Buch jetzt aber nicht etwa zuklappen und es in die Reihe der gekauften und nicht gelesenen Werke In Ihrem Bücherregal einordnen.

Im Gegensatz zu den Verhältnissen um etwa 1990, als GPS in der Sportschiffahrt noch etwas ganz Neues und Exotisches war, hat sich bei den Empfängern inzwischen ein gewisser Standard herausgebildet. Daher ist es heute möglich, auf jeden Fall für die Hauptfunktionen von GPS-Navigatoren — und um die geht es uns hier ja — allgemeingültige Aussagen zu machen.

Obwohl wir hier als Beispiel ein tragbares Gerät verwenden, müssen Besitzer stationärer Anlagen nicht verzweifeln: Die Hauptfunktionen tragbarer und stationärer Anlagen sind identisch.

lichst nach allen Seiten freie Sicht besteht. Sie kennen das bestimmt auch von der »Satellitenschüssel« beim Fernsehen: Wenn Bäume oder Häuser den Fernsehsatelliten »Hot Bird« oder »Astra« verdecken, ist es nichts mit den vielen neuen Kanälen. Unser Navigator muß mindestens drei GPS-Satelliten »sehen« können, wenn er korrekt arbeiten soll. In der Regel ist das bereits der Fall, wenn es in einem Bereich von etwa 180° keine oder nur niedrige Hindernisse gibt. Bei wirklichem »Rundum-Panoramablick« sind im Mittel zwischen sechs und acht Satelliten verfügbar.

Irgendwo hat unser Gerät eine Taste oder einen Schalter mit einem EIN-AUS-Symbol oder einer Bezeichnung wie *ON, POWER, PWR* oder *START.* Manchmal ist die Taste auch durch eine besondere Farbe hervorgehoben. Diese Taste betätigen wir erst einmal.

Als Reaktion darauf (die Batterien bei einem tragbaren Gerät dürfen selbstverständlich nicht in den letzten Zügen liegen) erscheint irgend etwas auf der *Anzeigeeinheit (Display).* Häufig erbarmt sich der Hersteller unseres schwachen Gedächtnisses und läßt zunächst Gerätebezeichnung und Firmenlogo auf dem Display aufleuchten.

Einschalten

Vorläufig sind wir noch an Land. Wenn Sie Ihren GPS-Navigator erfolgreich in Betrieb nehmen wollen, so müssen Sie jetzt Ihren schönen Schreibtischsessel verlassen und sich nach draußen begeben. In der Stadt könnten Sie aber auch vor der Haustür noch immer mit Schwierigkeiten zu kämpfen haben. Es ist nämlich wichtig, daß mög-

Aufrufen einer bestimmten Seite

Wir kümmern uns nicht um die jetzt möglicherweise angezeigte Grafik, aus der wir Informationen über die empfangenen Satelliten entnehmen könnten. Statt dessen versuchen wir, ein Bedienelement mit der Bezeichnung *POS (Position)* oder *NAV (Na-*

vigation) zu finden. Vielleicht bietet Ihr Gerät auch die Möglichkeit, direkt durch die einzelnen Display-Anzeigen zu blättern.

Alles, was der GPS-Navigator uns an Informationen liefern kann, bewahrt er in seinem Speicher auf. Diesen Speicher können Sie sich vorstellen wie ein Buch. Denn wie in einem Buch kann der Benutzer auch in diesem Speicher blättern, um sich bestimmte Daten anzeigen zu lassen.

Wenn wir zu der richtigen Seite vorgedrungen sind, sollte endlich...

Der erste GPS-Ort

...der erste GPS-Ort angezeigt werden. Möglicherweise müssen wir einige Zeit (bis zu 15 Minuten) warten, bis die Position erscheint. Das ist vor allem dann der Fall, wenn das Gerät ganz neu in Betrieb genommen wird. Nach einer längeren Pause zum Beispiel oder dann, wenn die Batterien leer waren und auch die meist vorhandene interne Speicherbatterie entladen ist.

Allzuviel können wir mit den ausgegebenen Werten jetzt noch nicht anfangen. Wir sehen nur, daß die Breite mit N (Nord) gekennzeichnet ist und die Länge mit E (East). Daß wir (in Deutschland) auf Nordbreite und Ostlänge stehen, wußten wir aber schon vor Anbruch des GPS-Zeitalters. Trotzdem genießen wir eine Weile unseren Erfolg und überlegen uns, was wir am besten als nächstes machen sollten.

Vorbereitung für den Einsatz auf See

Nachdem wir jetzt ein klein wenig Erfahrung gesammelt haben, wollen wir systematischer an die Sache herangehen. Wir werden uns im folgenden etwas ausführlicher damit beschäftigen,

● wie wir mit dem Navigator »reden« wollen und was er bei seinen »Antworten« berücksichtigen soll,

● was wir über die vom Gerät gelieferten Informationen Position, Kurs und Geschwindigkeit wissen sollten,

● was Wegpunktnavigation eigentlich ist und wie uns der GPS-Navigator dabei unterstützen kann.

Wie sage ich es meinem GPS-Navigator?

GPS-Empfänger sind, wie viele andere High-Tech-Anlagen, eigentlich Computer mit einem oder mehreren »Sinnesorganen« (Sensoren). Unser GPS-Gerät kann über seine Antenne die Funksignale der Satelliten »hören«.

Damit wir nun mit dem Computer etwas anfangen können, müssen wir irgendwie mit ihm in Verbindung treten können. Die Rechnerspezialisten sagen: Es ist eine *Mensch-Maschine-Schnittstelle* erforderlich.

In unserem Falle handelt es sich dabei um das Tastenfeld und um das Display.

Über diese Schnittstelle wollen wir nun mit dem Gerät »kommunizieren«. Was aber wollen wir ihm mitteilen? Wir beschränken uns hier zunächst auf folgende Punkte:

● Wahl der Sprache
● Wahl der Betriebsart
● Wahl der Zonenzeit oder der gesetzlichen Zeit
● Wahl des verwendeten Einheitensystems
● Wahl der für die Positionsausgabe wichtigen Parameter

Wir haben eben davon gesprochen, daß der GPS-Navigator eigenlich ein Computer ist. So ist es nicht verwunderlich, daß die Hersteller solcher Systeme für die »Unterhaltung« zwischen Mensch und Maschine auch die vom Computer her bekannten Techniken einsetzen. Alle neueren GPS-Geräte arbeiten daher mit *Menü-Techniken.* Wenn Sie mit PCs wenig oder gar nichts zu tun haben, brauchen Sie bei diesen eigenartigen Begriff jetzt trotzdem nicht zu verzagen. Wie wir gleich sehen werden, handelt es sich dabei um ganz simple Dinge. Gleichzeitig werden wir versuchen, die Überlegungen jeweils an unserem Beispielgerät, dem GPS38, zu veranschaulichen.

Wahl der Sprache

Wir blättern also zunächst so lange in den angezeigten Seiten herum, bis wir das Hauptmenü gefunden haben. Ein Computer-Menü ist nichts anderes als eine Zusammenstellung bestimmter Programmteile oder Funktionen (»Gänge«). Diese können einzeln angewählt und dann aktiviert werden. Das Anwählen geschieht bei GPS-Geräten meist so, daß der Anwender durch Verschieben eines Balkens die gewünschte Funktion hervorhebt. Wenn dann die Eingabetaste (üblicherweise *ENTER*) gedrückt

wird, wird das ausgewählte Programm aktiv.

Häufig gelangt man auf diese Weise zu einer weiteren Auswahlseite, zu einem sogenannten *Untermenü* mit mehreren Wahlmöglichkeiten.

Nehmen wir an, Sie könnten Ihr Gerät dazu überreden, sich deutsch mit Ihnen zu unterhalten: Ich würde diese Möglichkeit an Ihrer Stelle dennoch nicht nutzen und es bei der Originalsprache belassen. Der Grund dafür ist, daß auch nach der Umschaltung auf Deutsch die meisten Abkürzungen unverändert englisch bleiben.

Beispielgerät:

Abb. 2 (S. 16) zeigt das Hauptmenü des GPS38*. Wenn eine andere Sprache gewählt werden kann, dann müßte das über den Menüpunkt SYSTEM SETUP möglich sein. Wie wir aber gleich sehen werden, ist in dem dann angezeigten Untermenü (Abb. 3) von LANGUAGE (Sprache) oder etwas Ähnlichem nichts zu sehen. Unser Beispielgerät ist also offenbar der Meinung, daß heute jeder über gute Englischkenntnisse verfügt. Der Garmin GPS38 spricht nur Englisch (eigentlich Amerikanisch).

Die meisten Begriffe sind aber selbsterklärend oder zumindest aus dem Zusammenhang in ihrer Bedeutung erkennbar. Im

---

* Da der GPS38 aus Kostengründen ein LCD-Display (Flüssigkristallanzeige) mit begrenzter Zeilen- und Spaltenzahl hat, ist die Originalanzeige relativ grob gerastert. Damit die Display-Ausgaben besser lesbar sind, wurden sie auf dem Rechner nachbearbeitet.

```
┌─────────────────────────────┐
│           MENU              │
├─────────────────────────────┤
│  NEAREST  WPTS              │
│  WAYPOINT  LIST             │
│  WAYPOINT                   │
├─────────────────────────────┤
│  ROUTES                     │
├─────────────────────────────┤
│  DIST  AND  SUN             │
├─────────────────────────────┤
│  MESSAGES                   │
├─────────────────────────────┤
│  SYSTEM  SETUP              │
│  NAV  SETUP                 │
│  MAP  SETUP                 │
│  TRACK  LOG                 │
│  INTERFACE                  │
└─────────────────────────────┘
```

2 GPS38 Hauptmenü mit markiertem
SYSTEM SETUP.

```
┌─────────────────────────────┐
│      SYSTEM  SETUP          │
│  MODE:                      │
│  Battery Save?              │
├─────────────────────────────┤
│  DATE  18  Jun   96         │
│  TIME    15:27:21           │
│  OFFSET:  + 02:00           │
│  HOURS: 24                  │
├─────────────────────────────┤
│  CONTRAST:                  │
│  ████                       │
├─────────────────────────────┤
│  LIGHT:     15  sec         │
└─────────────────────────────┘
```

3 GPS38 mit Untermenü SYSTEM SETUP.

vorliegenden Fall liefert der Importeur neben dem amerikanischen Original auch eine (wirklich einmal recht gut übersetzte!) deutsche Anleitung mit. Darin findet sich bei schwierigeren Wörtern auch die deutsche Bedeutung.

Wie Sie wissen, gibt es aber auch recht eigenwillige Versuche auf diesem Sektor. Außerdem sind selbst in sonst guten Bedienungsanleitungen wesentliche Begriffe nicht erläutert oder übersetzt. Sie finden aus diesem Grunde zu Ihrer Hilfe im Anhang auf S. 89 ein kleines englisch-deutsches Lexikon. Dieses Wörterbuch erklärt wichtige Fachausdrücke aus den Bereichen GPS und Navigation. Es hilft Ihnen auch bei der Übersetzung von Begriffen, die unser Beispielgerät verwendet.

Wahl der Betriebsart

GPS-Navigatoren können in mehreren Betriebsarten arbeiten. Alle »Handys» bieten neben der Normalbetriebsart einen Batteriesparmodus. Dabei wird die Position nicht alle 2 oder 2,5 Sekunden berechnet, sondern seltener, etwa alle 5 bis 10 Sekunden. Dadurch wird die Lebensdauer der Batterien um etwa 50% verlängert. Daneben ist es bei vielen Empfängern möglich, einen Simulationsmodus zu aktivieren.

Beispielgerät:

Nach der Aktivierung des Menüeintrages SYSTEM SETUP erscheint das in Abb. 3 wiedergegebene Untermenü. Unter MODE erkennen Sie schwarz unterlegt: Battery Save? Nach Betätigen der ENTER-Taste wäre dieser Modus aktiviert.

Wahl der Zonenzeit oder der gesetzlichen Zeit

Der GPS-Navigator liefert die Weltzeit UTC *(Universal Time Coordinated*, Zeit auf dem Meridian von Greenwich). Sie unterscheidet sich von unserer MEZ *(mitteleuropäische Zeit)* um eine Stunde. Nach MEZ ist es eine Stunde später als nach UTC. Nach *MESZ (mitteleuropäische Sommerzeit)* ist es zwei Stunden später als nach UTC. MEZ und MESZ sind Beispiele für die sogenannte gesetzliche Zeit.

Segeln wir nicht auf Nordsee, Ostsee oder im Mittelmeer, treten größere Zeitunterschiede gegen die Weltzeit auf. Wir fahren dann ja normalerweise die *Zonenzeit*, die sich immer um ganze Stunden von der UTC unterscheidet. Grundsätzlich ist es östlich von Greenwich später als nach UTC, westlich früher. Dazu ein Beispiel: Östlich der Bahamas, auf 070° W, wäre der Zeitunterschied fünf Stunden, es wäre nach Zonenzeit fünf Stunden *früher* als nach UTC.

Bei der Zeiteinstellung besteht noch eine weitere Wahlmöglichkeit. Da fast alle GPS-Navigatoren direkt oder über die wesentlichen Bauteile aus amerikanischer Fertigung stammen, kann die Zeit entweder in 12- oder in 24-Stunden-Form ausgegeben werden.

Beispielgerät:

Im Untermenü der Abb. 4 ist der Zeitunterschied (OFFSET) auf +02:00 gesetzt. Das ist in Deutschland für das angegebene Datum korrekt, denn im Juni ist die gesetzliche Zeit die mitteleuropäische Sommerzeit. Die UTC wäre hier also 13:27:21, wenn wir die Zeit so schreiben wie das Gerät.

```
SYSTEM  SETUP
MODE:
Battery Save?
DATE  18   Jun   96
TIME:    15:27:21
OFFSET: + 02:00
HOURS: 24
CONTRAST:

LIGHT:      15   sec
```

4 *Hier ist die Zeitverschiebung zwischen der UTC und der MESZ mit +02:00 markiert (+2 Stunden).*

Wie Sie schon an 15:27:21 erkennen, ist die bei uns übliche Form der Zeitausgabe mit 24-Stunden-Zählung eingestellt worden und nicht die englisch-amerikanische mit 12 Stunden a. m. bzw. p. m. (vor Mittag bzw. nach Mittag). Eine Umstellung ist möglich über den Menüpunkt HOURS (Stunden).

Wahl des verwendeten Einheitensystems

Wir haben schon davon gesprochen, daß GPS-Navigatoren auch an Land eingesetzt werden. Der GPS-Navigator muß dann natürlich mit anderen Einheiten operieren als wir auf See.

Der Empfänger kann aus diesem Grunde beispielsweise Distanzen auch in Kilometern und Metern ausgeben, meist auch noch in amerikanischen Meilen (statute miles) und in Fuß (feet). Wir stellen das Gerät auf das nautische Ein-

```
┌─────────────────────────┐
│         MENU            │
├─────────────────────────┤
│ NEAREST  WPTS           │
│ WAYPOINT  LIST          │
│ WAYPOINT                │
├─────────────────────────┤
│ ROUTES                  │
├─────────────────────────┤
│ DIST  AND  SUN          │
├─────────────────────────┤
│ MESSAGES                │
├─────────────────────────┤
│ SYSTEM  SETUP           │
│ NAV  SETUP              │
│ MAP  SETUP              │
│ TRACK  LOG              │
│ INTERFACE               │
└─────────────────────────┘
```

```
┌─────────────────────────┐
│       NAV  SETUP        │
├─────────────────────────┤
│ POSITION  FRMT:         │
│ hddd °   mm.mmm '       │
├─────────────────────────┤
│ MAP  DATUM:             │
│ European  1950          │
├─────────────────────────┤
│ CDI  SCALE:             │
│ ± 1.25                  │
├─────────────────────────┤
│ UNITS:  Nautical        │
├─────────────────────────┤
│ HEADING:                │
│ True                    │
└─────────────────────────┘
```

5 *Jetzt ist im Hauptmenü NAV SETUP markiert. Damit gelangt man zum Untermenü NAV SETUP.*

6 *Untermenü NAV SETUP. Im Menüpunkt UNITS (Einheiten) ist Nautical ausgewählt worden.*

heitensystem um, also auf Seemeilen und, für die Geschwindigkeit (Fahrt), auf Knoten.

Beispielgerät:
Im Hauptmenü (Abb. 5) wird über NAV SETUP das in Abb. 6 gezeigte Menü erreicht. Dort ist neben UNITS (Einheiten) Nautical ausgewählt worden.

Wahl der für die Positionsausgabe wichtigen Parameter
Für Anwender an Land sieht der Hersteller bestimmte Formen der Positionsausgabe vor, die für uns auf See nicht in Frage kommen.
Zunächst einmal sollten wir uns, wenn eine Wahlmöglichkeit besteht, für die sogenannte zweidimensionale Ortsbestimmung (2D-Ortung) entscheiden. Gemeint ist damit,

daß die Position in der *Ebene* gemessen wird, nicht dreidimensional, wie es für Flugzeuge interessant wäre. Die dritte Dimension wäre die für Anwendungen in der Seefahrt nicht erforderliche Höhe. Bei vielen Geräten ist diese Auswahl jedoch nicht möglich. Sie schalten automatisch in den 3D-Betrieb, wenn mehr als drei Satelliten erfaßt werden. Wenn Ihr Gerät im 2D-Betrieb arbeiten kann, geben Sie als Höhe die Antennenhöhe über der Wasseroberfläche ein.
Dann ist festzulegen, wie die Position angezeigt werden soll. Wir wählen die Ausgabe nach Breite und Länge, wie wir es von der Seekarte her kennen und gewohnt sind.
Viele GPS-Navigatoren können die Koordinaten (Breite und Länge) auch noch in unterschiedlicher Form, dem sogenannten

KARTEN FÜR DIE SPORTSCHIFFAHRT

FLENSBURG BIS KIEL

Kartenserie und Beiheft

Berichtigung durch NfS siehe Beiheft

BEMERKUNGEN

HÖHEN UND TIEFEN IN METERN
HÖHEN- UND TIEFENANGABEN beziehen sich
auf Normalnull (mittlerer Wasserstand)
GRUNDLAGEN: Deutsche Seekarten Nr. 26, 27, 32, 33, 34, 41, 100, 3002
und andere Informationen
ZEICHEN UND ABKÜRZUNGEN siehe Karte 1 (INT 1), 3000

ABKÜRZUNGEN

Inter-national	Deutsch		Inter-national	Deutsch	
F	F.	Festfeuer	W	w.	weiß
Oc	Ubr.	Unterbrochen	R	r.	rot
Iso	Glt.	Gleichtakt	G	gn.	grün
Fl	Blz.	Blitz	Bu	bl.	blau
LFl	Blk.	Blink	Vl	viol.	violett
Q	Fkl.	Funkel	Y	g.	gelb
IQ	Fkl. unt.	Funkel unterbrochen	Or	or.	orange
VQ	SFkl.	Schnelles Funkel	Am	or.	bernstein
IVQ	SFkl. unt.	Schnelles Funkel unterbrochen	Ldg	Rcht-F.	Richtfeuer
			Dir	Lt.-F.	Leitfeuer
Mo	Mo.	Morse	M	sm	Seemeile

Weitere Abkürzungen siehe Karte 1 (INT 1)

POSITIONEN
Durch Satellitennavigation erhaltene Positionen
im World Geodetic System 1984 (WGS 84) sind
0,04 Minuten NORDWÄRTS und 0,07 Minuten
OSTWÄRTS zu verlegen, um mit dem Titelblatt
übereinzustimmen.

KARTENNETZ (Titelblatt):
Mercator–Abbildung
Europäisches Bezugssystem
(European Datum)

WRACKE
Wracke und Schiffahrtshindernisse sind im Titelblatt nicht dargestellt.

Format, ausgeben. So ist eine Angabe in Grad und Minuten mit zwei oder drei* Nachkommastellen möglich. Alternativ kann eine Position auch in Grad, Minuten und Sekunden erscheinen. Falls möglich, entscheiden wir uns für Grad und Minuten mit zwei Stellen hinter dem Komma.
Als nächstes wählen wir das *Kartendatum*** aus. GPS arbeitet »von Haus aus« mit dem sogenannten WGS 84. *Wir stellen den Navigator immer auf das Kartendatum ein, das wir auf der verwendeten Seekarte finden.* Abb. 7 zeigt ein Beispiel.

7 Ausschnitt aus dem Übersichtsblatt des Sportbootkartensatzes »Flensburg bis Kiel«. Angaben zum Kartendatum finden sich unter POSITIONEN und KARTENNETZ (verändert).

---

* Was wegen der begrenzten Genauigkeit von GPS (nicht bei DGPS) natürlich unsinnig ist.
** Genauere Informationen hierzu finden Sie in Band 102 der Yacht-Bücherei »GPS – Global Positioning System«.

19

NAV SETUP
POSITION FRMT: hddd ° mm.mmm '
MAP DATUM: **European 1950**
CDI SCALE: ± 1.25
UNITS: Nautical
HEADING: True

NAV SETUP
POSITION FRMT: **hddd ° mm.mmm '**
MAP DATUM: European 1950
CDI SCALE: ± 1.25
UNITS: Nautical
HEADING: True

8 Untermenü NAV SETUP. Im Menüpunkt MAP DATUM (Kartendatum) ist European 1950 (Europäisches Datum 1950) ausgewählt worden.

9 Untermenü NAV SETUP. Im Menüpunkt POSITION FRMT (Positions-Format) ist die Darstellung in Grad und Minuten mit drei Nachkommastellen ausgewählt worden.

Beispielgerät:
Abbildung 8 zeigt, daß unser Testgerät auf das Kartendatum European 1950 (Europäisches Kartendatum 1950, ED 1950) geschaltet worden ist. Das gewählte Ausgabeformat ist (Abb. 9) hddd°mm.mmm', also Grad (d: degrees) und Minuten mit drei Nachkommastellen. Zwei Dezimalstellen sind bei diesem GPS-System nicht möglich. Das »h« vor ddd... steht für »header«, weist also darauf hin, daß je nach Koordinate vor den Zahlenwerten noch N oder S und E oder W erscheinen.

Den im Untermenü NAV SETUP außerdem noch vorhandenen Menüpunkt CDI SCALE besprechen wir bei der Wegpunktnavigati-

on. Über den Menüpunkt HEADING werden wir gleich noch etwas sagen.

Wahl der für Kurse und Peilungen verwendeten Bezugsrichtung
Unser GPS-Navigator kann, wie wir noch sehen werden, nicht nur die Position berechnen, sondern auch Kurse und Peilungen. In der Navigation haben wir irgendwann einmal gelernt, daß Kurse auf unterschiedliche Richtungen bezogen sein können. Gehen wir von der rechtweisenden Nordrichtung (geographische Nordrichtung, rwN) aus, haben wir rechtweisende Kurse. Beziehen wir uns dagegen auf die mißweisende Nordrichtung oder auf Magnetkom-

```
NAV  SETUP
POSITION  FRMT:
hddd °   mm.mmm '

MAP  DATUM:
European   1950

CDI  SCALE:
± 1.25

UNITS:  Nautical

HEADING:
True
```

10 *Untermenü NAV SETUP. Im Menüpunkt HEADING (Bezugsrichtung) ist True (rechtweisend Nord) ausgewählt worden.*

paß-Nord, erhalten wir mißweisende beziehungsweise Magnetkompaßkurse. Entsprechendes gilt für Peilungen.
Wir sollten als Bezugsrichtung rwN wählen.

Beispielgerät:
Bei unserem Beispielgerät ist unter HEADING – schwarz unterlegt – True zu lesen (Abb. 10). Das bedeutet, daß sich alle Kurse und Peilungen auf die rechtweisende Nordrichtung (true north) beziehen.
Es ist bei diesem Gerät auch möglich, die mißweisende Nordrichtung als Referenzrichtung auszuwählen. Das kann zum Beispiel im Automatikmodus erfolgen. Dann braucht man die Mißweisung nicht mehr der Seekarte zu entnehmen. In der alternativen manuellen Betriebsart muß die Miß-

weisung von Hand eingegeben werden. Bei aufwendigeren GPS-Navigatoren kann auch die Magnetkompaßablenkung in Abständen von zum Beispiel 45° eingetippt werden. Dann werden die Mißweisung und die jeweilige Ablenkung berücksichtigt. Der Benutzer kann sich dann wahlweise rechtweisende oder auf Magnetkompaß-Nord bezogene Werte ausgeben lassen.

Was müssen wir über die ausgegebenen Werte Position, Kurs und Geschwindigkeit wissen?

Auf See sind wir ja noch nicht. Wir haben zu der Seite geblättert, auf der die Position ausgegeben wird. Sehen wir uns die angezeigten Werte doch einmal etwas genauer an! Wir beginnen mit der Position. Diese wird durch die Angabe von Breite und Länge festgelegt, vielleicht bei Ihrem Gerät auch noch zusätzlich mit LAT (Latitude, Breite) und LON (Longitude, Länge) gekennzeichnet. Beide Koordinaten werden in Grad und Minuten angezeigt. Die Minuten meist auf drei Stellen hinter dem Komma bzw. hinter dem in den USA dafür gebräuchlichen Dezimalpunkt. Wir hatten uns über diese Frage ja schon auf S. 20 unterhalten.
Wenn wir die Anzeige beobachten, erkennen wir, daß zumindest die letzte Stelle hinter dem Dezimalpunkt bei der Breite und bei der Länge ständig einen anderen Wert an-

nimmt. Und das, obwohl wir unsere Position gar nicht verändern.

Die Ursache dafür ist, daß GPS nicht beliebig genau ist, GPS-Orte sind fehlerbehaftet. Sie springen daher ständig hin und her. Wenn wir die Nordrichtung oder eine andere Himmelsrichtung von unserer Testposition aus kennen, können wir in diese Richtung marschieren. Wenn wir genau nach Osten (nach rechtweisend Ost) gehen, müßte die Breitenanzeige — bis auf die eben betrachteten Schwankungen — konstant bleiben, während die Länge entsprechend östlicher wird. Bewegen wir uns nach Norden (nach rechtweisend Nord), bleibt die Länge konstant (wieder bis auf die Schwankungen), und die Breite wird nördlicher.

Haben Sie bei der Wanderei von eben auf die Kursanzeige geachtet? Da wir als Bezugsrichtung die rechtweisende Nordrichtung ausgewählt haben, werden auch rechtweisende Kurse angezeigt. So ganz genau kriegen wir das Marschieren nach rwN natürlich nicht hin. Die Folge ist, daß die Kursanzeige auf mehr oder weniger starkes »Gieren« hinweist. Aber selbst wenn wir uns wirklich ganz genau in eine Richtung bewegt hätten, wäre auch hier wegen der Fehler wieder mit Schwankungen zu rechnen.

An Land gibt es natürlich das Problem Kurs durchs Wasser oder Kurs über Grund nicht. Für später merken wir uns aber schon, daß der *Kurs über Grund (KüG)* angezeigt wird! Schließlich könnten wir noch checken, wieviel Knoten wir gelaufen sind. Das über das Hin- und Herspringen oder Schwanken Gesagte gilt natürlich auch für die Fahrt.

11 *Positionsseite des GPS38. Die Anzeige unter TRIP arbeitet wie der Meilenzähler einer Logge. Übrige Angaben s. Text.*

Beispielgerät:

Vor dem Test wurde die Betriebsart des Beispielgerätes vom Batterie-Sparmodus auf den Normalmodus geändert, da der GPS-Navigator sonst zu langsam und zu träge reagieren würde.

Abb. 11 zeigt die Positionsseite nach Abschluß unserer Bemühungen. Wir befinden uns übrigens im Zentrum von Bremen, in der Nähe der Weser. Also: zumindest schon ein Hauch von Seefahrt! Im oberen Teil des Displays ist eine kleine Kompaßskala zu erkennen. Sie zeigt an, daß wir etwa in Richtung 003° (rechtweisend, denn der Navigator war ja auf true north eingestellt worden) marschiert sind. Die darunter stehende Anzeige — TRACK — bestätigt das. Mit unserer Absicht, genau nach Norden zu wandern, hat es also nicht so ganz geklappt.

Schnell waren wir auch nicht gerade, unsere »Fahrt über Grund» (SPEED) lag nur bei bescheidenen 1,0 Knoten (KT, von knot).

Da der GPS38, wie schon erwähnt, bei mehr als drei Satelliten im 3D-Modus arbeitet, zeigt der Navigator auch die Höhe (ALT, von altitude) an. Die Angabe erfolgt in Fuß (FT, von feet).

Bei der Position können wir von einer Genauigkeit von etwa einer Kabellänge (0,1 sm) ausgehen. Häufig ist die Genauigkeit besser, sie kann aber auch schlechter sein.

Sowohl die Fahrt als auch die Höhe sind im Gegensatz zur Position mit größeren Fehlern behaftet. Die für uns nicht wichtige Höhe springt ständig um größere Beträge und ist beispielweise für einen Bergwanderer unbrauchbar. Aber auch die Fahrtmessung ist bei GPS relativ ungenau und kann nicht mit einer guten (geeichten) Logge konkurrieren. Allerdings bestimmt eine Logge immer nur die Fahrt durchs Wasser*.

Was ist Wegpunktnavigation und wie wird sie vorbereitet?

Wohl in jedem GPS-Handbuch nimmt die *Wegpunktnavigation* die meisten Seiten ein. Kann man daraus schließen, daß diese Technik wirklich *die zentrale Möglichkeit* der GPS-Navigation darstellt? Wir werden sehen.

---

* In der Großschiffahrt gibt es Loggen, mit denen bis zu Wassertiefen von etwa 600 bis 800 m auch die Fahrt über Grund bestimmt werden kann.

Wegpunkte und Routen

Zunächst einmal: *Wegpunkte* sind nichts anderes als Positionen, die wir im Speicher unseres GPS-Navigators deponieren können. Außerdem können wir mehrere Wegpunkte zu einer *Route* zusammenfassen.

Welche grundlegenden Möglichkeiten bietet die Wegpunktnavigation?

Wenn der Computer in unserem Navigator die Wegpunkte erst einmal »kennt», dann kann er auch beliebig mit ihnen hantieren. Es gibt die folgenden grundlegenden Möglichkeiten:

● Berechnung von Kursen und Distanzen zwischen Wegpunkten
● Berechnung von Peilung und Abstand zu einem Wegpunkt, bezogen auf die aktuelle Position
● Berechnung der voraussichtlichen Ankunftszeit *(ETA)* bei einem Wegpunkt
● Bestimmung des sogenannten *Cross Track Errors (XTE)*
● Auslösung eines Alarms, wenn sich das Schiff bis auf eine vorgegebene Distanz einem Wegpunkt genähert hat

Wir machen eine Reiseplanung

Jetzt wird es erheblich konkreter. Wir wollen die Wegpunktnavigation nämlich im Rahmen einer kleinen Reise auf der Ostsee einsetzen und die Planung dafür mit Hilfe unseres GPS-Navigators durchführen. Unser Boot ist eine Motoryacht — keine Sorge, gesegelt wird auch noch! —, die abenteuerliche 16 kn und mehr laufen kann. Wir wollen vom Sporthafen Gelting-Mole (Flensburger Förde, Geltinger Bucht) ein Stück weit die Schlei hochlaufen und dann den gleichen Weg wieder zurückfahren.

Natürlich ist das bei entsprechender Revierkenntnis überhaupt kein Problem, zumal mit einer Motoryacht. Für einen solchen Sonntag-Nachmittag-Ausflug fährt man nach Sicht und nach Tonnen. Da wir aber die Möglichkeiten der Wegpunktnavigation auf einer Motoryacht besonders gut und einfach einsetzen können, wählen wir zum Einstieg trotzdem diese hier eigentlich nicht erforderliche Methode.

Wie gehen wir vor? Zunächst suchen wir aus dem entsprechenden Sportbootkartensatz Nr. 3003 »Flensburg bis Kiel« die infrage kommenden Karten heraus. Wir benötigen Blatt 3, 4, 6 und 7. Ausschnitte aus den Blättern 3 und 6 finden Sie farbig auf den Seiten 34/35 und 36/37. Die hier aus Platzgründen nicht aufgenommenen Blätter 4 und 7 enthalten einen Plan mit dem Sporthafen Gelting-Mole sowie eine Karte der Schlei. Bei der Planung berücksichtigen wir zusätzlich, daß die Genauigkeit einiger GPS-Geräte getestet werden soll. Auf Fragen der Genauigkeit gehen wir hier aber noch nicht näher ein. Wegen dieser Messungen wollen wir an bestimmte Bezugspunkte (Tonnenpositionen) relativ dicht heranfahren.

Nach dem Auslaufen aus Gelting-Mole folgen wir zunächst dem (auf unserem Kartenausschnitt nicht erkennbaren) Prickenweg und setzen die Tonne Gelting 1 als ersten Wegpunkt. Als zweiten Wegpunkt wählen wir eine Position etwa nordwestlich vom Feuerturm Kalkgrund und als dritten eine Position nordöstlich des Turms. Als vierter und fünfter Wegpunkt dienen die Tonnen Nr. 5 und Nr. 4 des Kiel-Flensburg-Weges*. Schließlich wird als letzter Wegpunkt die Schlei-Ansteuerungstonne gewählt. Auf der Schlei selbst orientieren wir uns an den dort ausliegenden Tonnen. Wir planen, bis etwa Maasholm zu fahren und dann umzukehren.

Als nächstes entnehmen wir der Karte die Koordinaten der Wegpunkte (Breite und Länge) und die Kartenkurse und Distanzen zwischen den einzelnen Wegpunkten. In Tabelle 1 sind die Ergebnisse zusammengestellt. Vergleichen Sie dazu auch die Seiten 34/35 und 36/37.

Das Kartendatum ist das Europäische Bezugssystem (ED 1950, Abb. 7 S. 19). Wir planen die Reise für den 14. Juli, es ist also

---

* 1996 wurden die Betonnung und der Verlauf des Kiel-Flensburg-Weges geändert.

Wegpunkt	Bezeichnung	Breite	Länge	Kurs/Distanz
Gelting 1	GELT-1	54° 46,44' N	009° 52,27' E	
Kalkgrund-West	KALG-W *	54° 49,70' N	009° 52,70' E	004° 3,3 sm
Kalkgrund-Ost	KALG-E	54° 49,70' N	009° 54,00' E	090° 0,8 sm
Tonne 5	TONNE5	54° 48,60' N	009° 56,20' E	131° 1,7 sm
Tonne 4	TONNE4	54° 45,73' N	010° 05,21' E	119° 5,9 sm
Schlei	SCHLEI	54° 40,12' N	010° 03,40' E	191° 5,7 sm

Tabelle 1

Sommerzeit. Beides haben wir bei unseren Grundeinstellungen schon erledigt (Abb. 8 S. 20 und Abb. 4 S. 17).

Jetzt geben wir die Wegpunkte in den Navigator ein und fassen sie zu einer Route zusammen. Die Eingabetechniken weichen bei den einzelnen Geräten ein wenig voneinander ab, sind aber grundsätzlich kaum verschieden.

● *Ganz wichtig ist es, die gespeicherten Werte nochmals sorgfältig mit den notierten Werten zu vergleichen und auch diese noch einmal in der Karte zu kontrollieren.*

Man kann sich ungemein leicht vertun; und die Konsequenzen einer Falscheingabe wären unter Umständen äußerst unangenehm.

Wie bei unserem Mustergerät vorzugehen ist, finden Sie wieder unter *Beispielgerät*. Der GPS-Navigator berechnet sofort die Kurse und Distanzen zwischen den Teilstrecken. Da wir diese Werte der Karte entnommen haben, ergibt sich eine weitere Kontrollmöglichkeit.

Jetzt ist unser Navigator so weit vorbereitet, daß wir die Möglichkeiten der Wegpunktnavigation auch tatsächlich nutzen können. Das machen wir hier aber gleich in der Praxis auf See (siehe Kapitel »GPS in der Praxis auf See«, S. 27).

Ein Tip ist vielleicht noch ganz hilfreich. Vor allem, wenn Sie noch wenig Erfahrung mit Ihrer neuen Errungenschaft haben, sollten Sie für einen ausführlichen Test Ihrer geplanten Route unbedingt den *Simulationsmodus* verwenden. Damit Sie die Route nun nicht in »Echtzeit« absegeln müssen — dann müßten Sie bei einem etwas längeren Törn die »Handy«-Batterien vermutlich

mehrfach erneuern —, verwenden Sie einfach die maximal mögliche Fahrt. Bei unserem Testgerät wären das immerhin 90 kn! Sie können auf diese Weise in aller Ruhe und völlig problemlos überprüfen, wie Ihr Gerät sich in der Praxis verhalten wird. Sie können beispielsweise gefahrlos Kurs und/oder Fahrt ändern und beobachten, was sich tut.

Bevor wir auslaufen, sehen wir uns noch an, wie die besprochenen Eingaben bei unserem Beispielgerät vorgenommen werden müssen.

Beispielgerät:

Wir blättern zur Menüseite und aktivieren die Zeile ROUTES (Abb. 12). Daraufhin erscheint die Routenseite auf dem Display (Abb. 13). Dort können wir zunächst die Routennum-

| MENU |
| NEAREST WPTS |
| WAYPOINT LIST |
| WAYPOINT |
| **ROUTES** |
| DIST AND SUN |
| MESSAGES |
| SYSTEM SETUP |
| NAV SETUP |
| MAP SETUP |
| TRACK LOG |
| INTERFACE |

12 Hauptmenü des GPS38. Markiert ist der Menüpunkt ROUTES (Routen). Damit gelangt man zur Routenseite.

ROUTE: 1			
GELTING-SCHLEI			
NO	WAYPNT	DTK	DST
1	------	°	
2	------	--- °	- . -
3	------	--- °	. -
4	------	--- °	- . -
5	------	--- °	- . -
6	------	---	- . -
TOTAL DST		0.00	
COPY TO: __			
CLR ? INV ? ACT ?			

13 Routenseite des GPS38. Die Route trägt die Nummer 1 und ist mit GELTING-SCHLEI bezeichnet worden.

ROUTE: 1			
GELTING-SCHLEI			
NO	WAYPNT	DTK	DST
1	GELT-1	°	
2	------	--- °	- . -
3	------	--- °	. -
4	------	--- °	- . -
5	------	--- °	- . -
6	------	---	- . -
TOTAL DST		0.00	
COPY TO: __			
CLR ? INV ? ACT ?			

14 Auf der Routenseite wurde der Name des ersten Wegpunktes eingetragen. Hier als Abkürzung für die Tonne Gelting 1 GELT-1.

WAYPOINT
NAME: GELT-1
N 54° 46 . 440 '
E 009° 52 . 270 '
10 - JUL - 96 11:52
REF : _ _ _ _ _ _
BRG DST
020 ° 109 $\frac{n}{m}$
RENAME ? NEW ?
DELETE ? DONE ?

15 Jetzt wird die Wegpunktseite aufgerufen, um die Koordinaten (Breite und Länge) einzugeben.

ROUTE: 1			
GELTING-SCHLEI			
NO	WAYPNT	DTK	DST
1	GELT-1		
2	KALG-W	004°	3.3
3	KALG-E	090°	0.8
4	TONNE5	131°	1.7
5	TONNE4	119°	5.9
6	SCHLEI	191°	5.7
TOTAL DST		17.4	
COPY TO: __			
CLR ? INV ? ACT ?			

16 Route Gelting-Schlei mit allen Wegpunkten.

mer eintragen, die wir hier auf »1« setzen. In die Zeile darunter tragen wir den Routennamen ein: GELTING-SCHLEI. Jetzt begeben wir uns in die für den ersten Wegpunkt vorgesehene Zeile und tippen GELT-1 als Abkürzung für Gelting 1 ein (Abb.14). Nach dem Betätigen der Enter-Taste erscheint die Wegpunktseite (Abb. 15). In diese tragen wir nun Breite und Länge des ersten Wegpunktes ein, also der Tonne Gelting 1. Unter Breite und Länge erscheint der Eingabezeitpunkt mit Datum. Außerdem gibt das Gerät noch Peilung (BRG, Bearing) und Distanz (DST, Distance) des Wegpunktes von der aktuellen Position aus an. Genauso verfahren wir mit den restlichen fünf Wegpunkten. Abb. 16 zeigt die vollständige Route. DTK (Desired Track, gewünschter Kurs) ist gleich dem Kartenkurs und DST gleich der Distanz zwischen zwei aufeinanderfolgenden Wegpunkten. In der Zeile TOTAL DST steht noch die Gesamtdistanz mit 17,4 sm.

17 *Tonne Gelting 1, unser erster Wegpunkt.*

GPS in der Praxis auf See

Vom Sporthafen Gelting-Mole bis Maasholm (Schlei) und zurück

Das Wetter hätte eigentlich etwas freundlicher sein können. Als wir gegen 11.00 auslaufen, hängen dicke graue Stratocumuli am Himmel, und es weht mit etwa 3 bis 4 Windstärken. Ich stehe auf der Flybridge und habe den GPS-Navigator und auch die anderen Testgeräte in Betrieb genommen. Im Schnitt werden acht Satelliten empfangen, also sehr günstige Verhältnisse.

Aktivieren der vorgeplanten Route

Um 11.15 passieren wir die Tonne Gelting 1 (Abb. 17). Jetzt wird die Route Gelting-Schlei *aktiviert*. Von diesem Zeitpunkt an verwendet der Navigator für seine Berechnungen den nächsten Wegpunkt, also die nordwestlich von Kalkgrund gelegene Position KALG-W. Beim Beispielgerät kann die Route auf der Routenseite aktiviert werden, indem man den Cursor auf ACT (activate) in der letzten Zeile des Displays setzt (Abb. 16 S. 26) und die Enter-Taste drückt. Bei einigen Geräten muß auch noch der jeweils anzusteuernde Wegpunkt aktiviert werden.

```
┌─────────────────────────┐
│ ╷╷╷╷╷╷╷╷╷╷╷╷╷╷╷╷╷╷╷╷╷╷╷ │
│ D 345  N  015 03C       │
│ ╵╵╵╵╵╵╵╵╵◇╵╵╵╵╵╵╵╵╵╵╵   │
├────────────┬────────────┤
│  TRACK     │  SPEED     │
│  004°      │   6.0 ᴷᴛ   │
├────────────┼────────────┤
│  TRIP      │  ALT       │
│  0.2 ⁿₘ    │   44 ᶠᴛ    │
├────────────┴────────────┤
│       POSITION          │
│  N   54° 46.639'        │
│  E  009° 52.294'        │
├─────────────────────────┤
│        TIME             │
│      11:17:22           │
└─────────────────────────┘
```

```
┌─────────────────────────┐
│     ACTIVE ROUTE        │
├─────────────────────────┤
│   GELTING-SCHLEI        │
├──────────┬──────┬───────┤
│ WAYPNT   │ ETA  │  DST  │
│ GELT-1   │ __:__│ _.__  │
│ KALG-W   │11:48 │ 3.07  │
│ KALG-E   │11:56 │ 3.82  │
│ TONNE5   │12:12 │ 5.50  │
│ TONNE4   │13:12 │11.5   │
│ SCHLEI   │14:09 │17.2   │
│ _____   │__:__ │_.__   │
│ _____   │__:__ │_.__   │
├──────────┴──────┴───────┤
│   CLEAR?  INVERT?       │
└─────────────────────────┘
```

18 Positionsseite des GPS38 um 11:17:22.　　**19** Display-Seite mit aktiver Route.

Welche Informationen liefert mir der Navigator beim Fahren auf der Route?
Das GPS-Gerät liefert ständig die folgenden Informationen:
Kurs über Grund (KüG)
Fahrt über Grund (FüG)
rechtweisende Peilung und Abstand des angesteuerten Wegpunktes
ETA-Wegpunkt (voraussichtliche Ankunftszeit am Wegpunkt)
Versetzung, senkrecht zur geplanten Kurslinie (XTE: cross track error)
Dazu, bei Annäherung an den Wegpunkt:
Alarmierung bei Annäherung an den Wegpunkt
Die genannten Informationen werden Sie heute bei allen GPS-Navigatoren finden. Unterschiede gibt es im wesentlichen nur bei der Art der Darstellung, der Kombination der Werte und leider auch bei den verwendeten Abkürzungen. Wir sehen uns im folgenden die Verhältnisse beim GPS38 an.

Beispielgerät:
Abb. 18 zeigt zunächst die Positionsseite des Testgerätes, und zwar um 11:17:22 (Schreibweise wie beim GPS-Navigator). KüG und FüG (TRACK und SPEED) sind 004° und 6 kn (K mit tiefgestelltem T, von knots). Der Kurs über Grund kann auch an der kleinen Kompaßskala im oberen Teil des Displays abgelesen werden. Die Anzeige unter TRIP arbeitet wie der Meilenzähler einer Logge. Allerdings wird hier die Distanz über Grund angezeigt. Beim Passieren der Tonne Gelting 1 habe ich die »Logge« auf Null zurückgesetzt. Folglich sind seitdem 0,2 sm versegelt worden (n mit tiefgestelltem m von nautical miles). Die Höhe (ALT) ist sehr fehlerhaft und interessiert uns hier nicht weiter.
Jetzt blättern wir zur Seite mit der aktiven Route (Abb. 19). Der Navigator listet auf dieser Seite die ETA-Werte der einzelnen Wegpunkte auf sowie die verbleibenden Di-

stanzen. Wenn Sie nochmals zu Abb. 16 auf S. 26 zurückblättern, erkennen Sie, daß von den ursprünglichen 3,3 sm bis KALG-W tatsächlich 0,23 sm (gerundet 0,2) abgelaufen wurden. Die Zeiten werden unter Berücksichtigung der aktuellen Fahrt berechnet, hier also mit 6 kn. Ändert sich die Fahrt, so ändern sich natürlich auch die ETA-Werte.

Ein Highway auf dem Wasser?

Den schon im vorigen Abschnitt genannten *cross track error* oder *XTE* wollen wir wegen seiner Bedeutung jetzt etwas eingehender betrachten. Das »X« in cross track error wird als »cross« (Kreuz) gelesen. Vielleicht erinnert Sie das an Ihren USA-Urlaub und an die Fußgänger-Überwege: *Pedestrians XING?*

Eigentlich müßte das Fahren nach GPS ganz einfach sein. Wir betrachten die aktuelle rechtweisende Peilung (rwP) als zu steuernden Kartenkurs (KaK) und halten am Magnetkompaß den daraus bestimmten Magnetkompaßkurs (MgK). Wenn wir einen Fluxgatekompaß fahren oder vernachlässigbar kleine Ablenkungen am Kompaßort annehmen können, brauchen wir nur die Mißweisung zu berücksichtigen. Das kann uns der GPS-Navigator übrigens auch noch abnehmen, da er weltweit die Größe der Mißweisung kennt. Wir waren bei der Besprechung der Nordrichtungen auf S. 20 schon einmal kurz auf diesen Punkt zu sprechen gekommen.

Wie Sie wissen, gibt es da allerdings ein kleines Problem: den Einfluß von Strom und Wind nämlich. Außerdem sind unsere Aussagen über die Ablenkungswerte des Magnetkompasses und die GPS-Mißweisungen bestimmt nicht hundertprozentig richtig. Hinzu kommt, daß nicht beliebig genau gesteuert werden kann, schon gar nicht auf einem Sportfahrzeug. Also werden wir versetzt. Eine auftretende Versetzung könnten wir an der Änderung der Peilung zum nächsten Wegpunkt erkennen und entsprechend reagieren.

Es gibt nun eine sehr nützliche Größe, die uns hilft, eine Versetzung frühzeitig zu erkennen und die uns auch bei einer eventuellen Kurskorrektur unterstützt. Diese Größe ist der schon mehrfach erwähnte XTE. Der cross track error wird grafisch auf dem *CDI (course deviation indicator,* Kursabweichungsanzeige) dargestellt. In den letzten Jahren hat sich mehr und mehr die *Autobahn-Darstellung (highway)* durchgesetzt. Da Versetzungen naturgemäß mehr oder weniger groß ausfallen können, ist der Maßstab für die grafische Darstellung in der Regel wählbar. Wir betrachten am besten gleich die Gegebenheiten bei unserem Gerät.

Beispielgerät:

Wir rufen bei unserem Navigator über das Menü die Seite NAV SETUP auf und erhalten das in Abb. 20 wiedergegebene Bild. Über die Zeile CDI SCALE kann der Maßstab verändert werden. Wir wählen den kleinstmöglichen Wert ±0.25. Was das genau bedeutet, zeigt Abb. 21. Die Darstellung gilt, genau wie unsere anderen Bilder, für 11:17, rund zwei Minuten nach Passieren der Tonne Gelting 1.

Auch in diesem Fall werden wieder Peilung und Abstand sowie KüG und FüG ange-

NAV SETUP
POSITION FRMT:
hddd ° mm.mmm '
MAP DATUM:
European 1950
CDI SCALE:
± 0.25
UNITS: Nautical
HEADING:
True

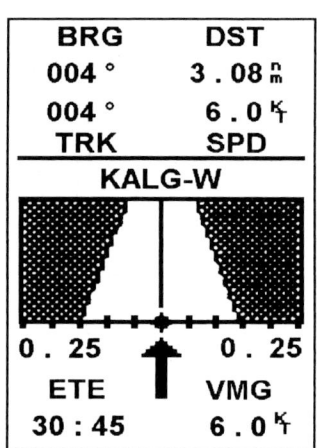

20 *Untermenü NAV SETUP. Der Maßstab der Kursabweichungsanzeige ist auf ± 0.25 sm (mit englischem Dezimalpunkt) gesetzt worden.*

21 *Highway-Darstellung. Der nächste Wegpunkt ist KALG-W.*

zeigt*. Sie sehen, daß wir uns auf der »Fahrbahnmitte« befinden (eine »richtige« Autobahn ist es also doch nicht!). In der Ferne liegt der Wegpunkt KALG-W, die »Fahrbahnmarkierung« weist genau auf diesen Wegpunkt hin. Das kleine, auf der Spitze stehende Quadrat ist das Symbol für unser Schiff. Nach Steuerbordseite und Backbordseite reicht die Darstellung jeweils 0,25 sm, wie mit CDI SCALE gerade vorgewählt. Der dicke schwarze Pfeil zeigt senkrecht nach oben, genau auf den Wegpunkt. ETE (estimated time enroute, nicht zu verwechseln mit ETA) gibt die bei der augenblicklichen FüG noch verbleibende Segelungsdauer bis zum Erreichen des Wegpunktes an. Die Angabe VMG (velocity

made good), unten rechts auf dem Display, stellt die in Richtung des Sollkurses gutgemachte Fahrt über Grund dar. Da wir uns genau auf der Sollkurslinie befinden und der Sollkurs anliegt, ist diese Geschwindigkeit natürlich ebenfalls 6 kn.
Was passiert, wenn wir den Wegpunkt erreichen? Auch dieser Frage wollen wir wieder einen eigenen Abschnitt widmen.

Alarmierung bei Wegpunkt-Annäherung
Wie wir schon besprochen haben, berechnet der GPS-Navigator ständig Abstand und Peilung des aktuellen Wegpunktes und liefert außerdem mit ETA noch die zugehörige Zeit. Durch Beobachten der angezeigten Werte könnten wir also sofort erkennen, wann der Wegpunkt, sagen wir, nur noch eine halbe Meile entfernt ist. Der GPS-Navigator bietet aber zusätzlich noch eine nutzerfreundlichere Möglichkeit.

---

* Daß hier die Distanz 3.08 sm angezeigt wird und nicht 3.07 wie in Abb.19, liegt an etwas verschiedenen Aufnahmezeitpunkten der Display-Bilder.

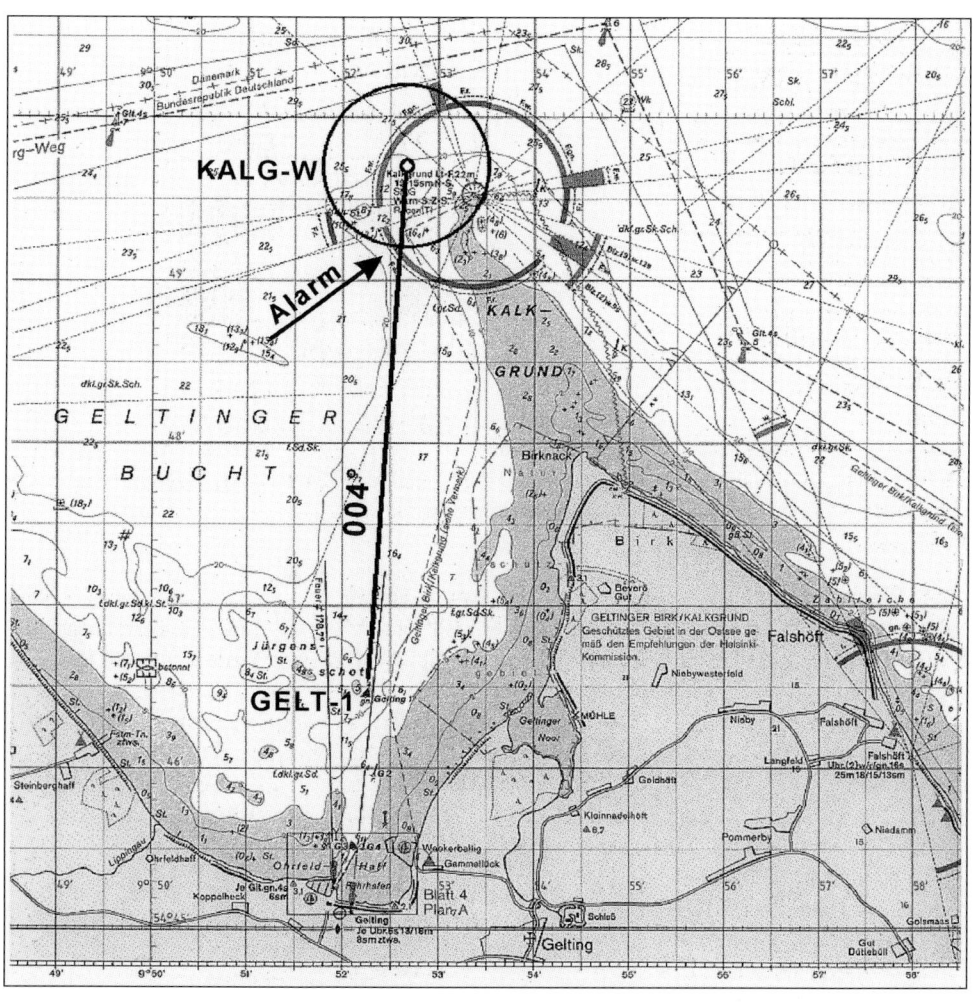

Bei den meisten Geräten kann ein *Alarmierungskreis* um den Wegpunkt gelegt werden. Überschreitet das Schiff diesen Kreis, wird ein Alarm, der sogenannte *Annäherungsalarm* oder *proximity alarm*, ausgelöst. Meist wird gleichzeitig der nächste Wegpunkt aktiviert. Bei manchen Systemen muß der nächste Wegpunkt manuell akti-

22 Ausschnitt aus dem Sportbootkartensatz Nr. 3003 »Flensburg bis Kiel«, Blatt 3. Wegpunkt KALG-W mit Alarmierungskreis von 0,5 sm Radius.

31

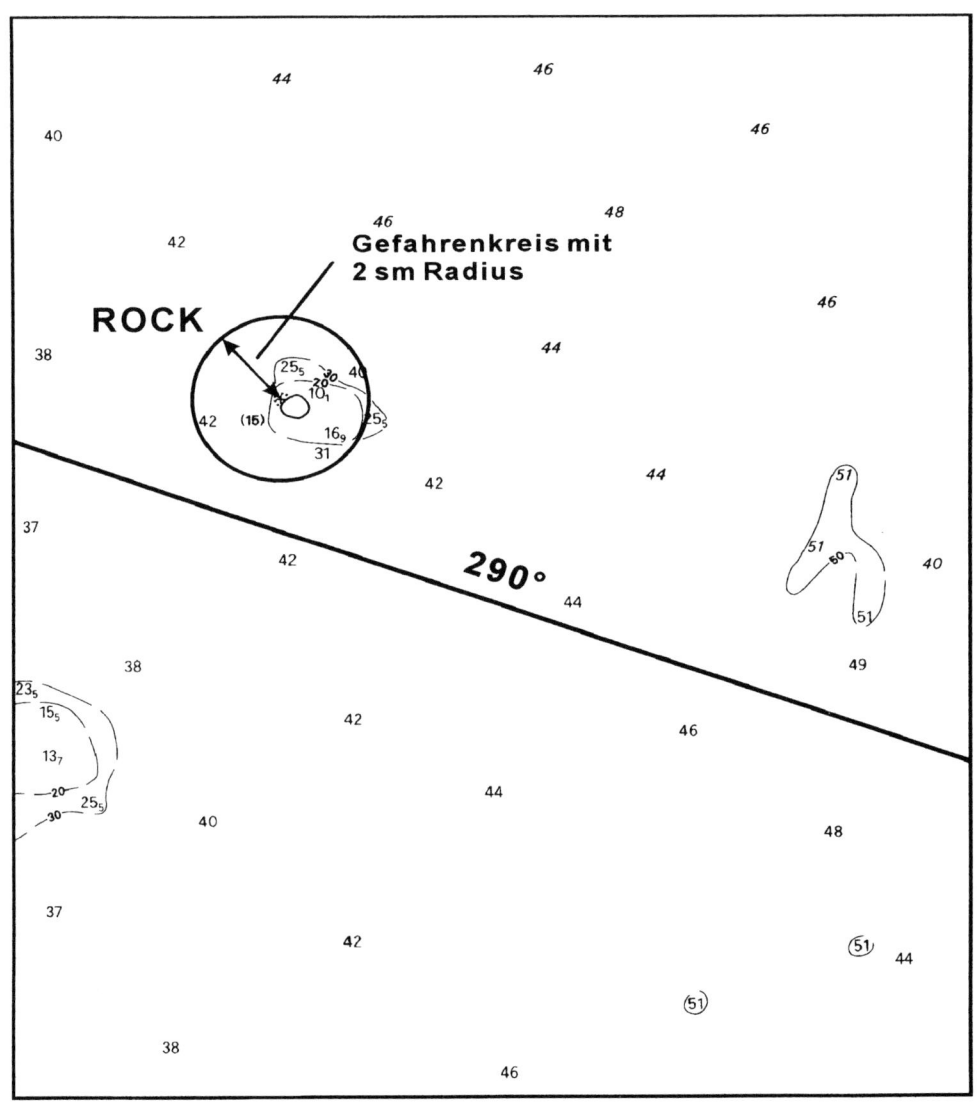

23 *Gefahrenstelle mit Gefahrenkreis von 2 sm Radius.*

viert werden. Abb. 22 zeigt, wie das bei einem Radius des Alarmierungskreises von 0,5 sm für unseren Wegpunkt KALG-W aussehen würde. Von Vorteil ist ein solcher Kreis vor allem deswegen, weil wir ihn auch bei vom Sollkurs abweichenden Kursen

(weiter auf S. 41)

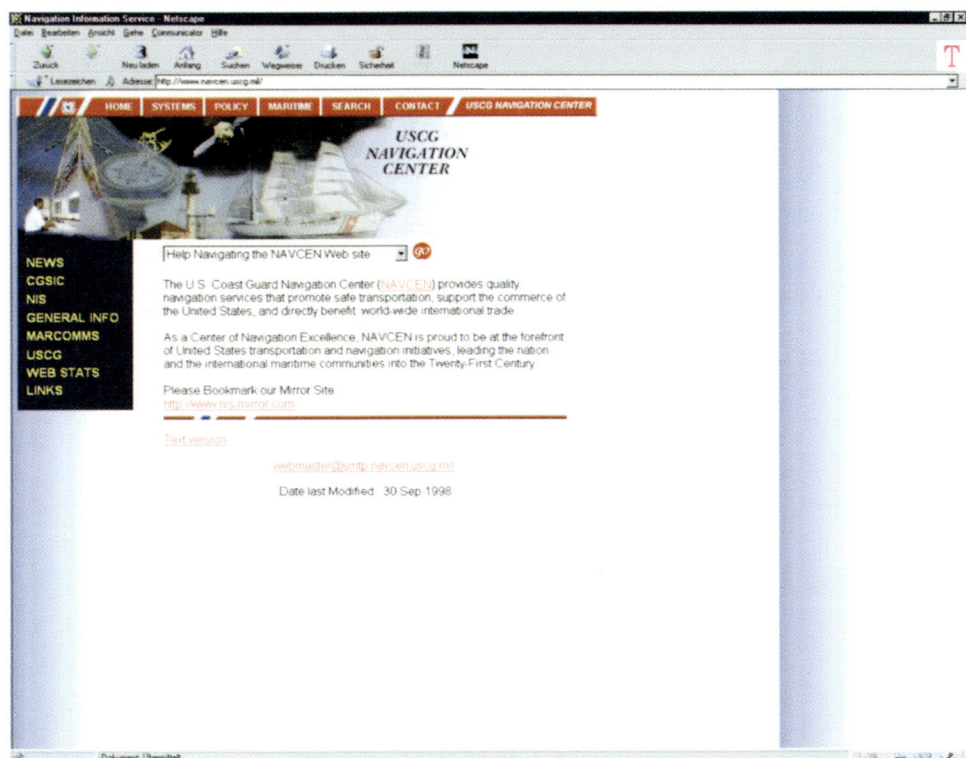

Tafel 1:

Home page des U.S. Coast Guard Navigation Centers. Durch Anklicken von »Systems«
gelangt man zu der hier nicht abgedruckten Seite »RADIO NAVIGATION SYSTEMS« (Funk-
ortungsverfahren). Dort kann man »DGPS«, »GPS«, »LORAN-C« oder »OMEGA« anwählen.
Wird »GPS« angeklickt, kommt man zu der auf S. 82 wiedergegebenen GPS-Seite.

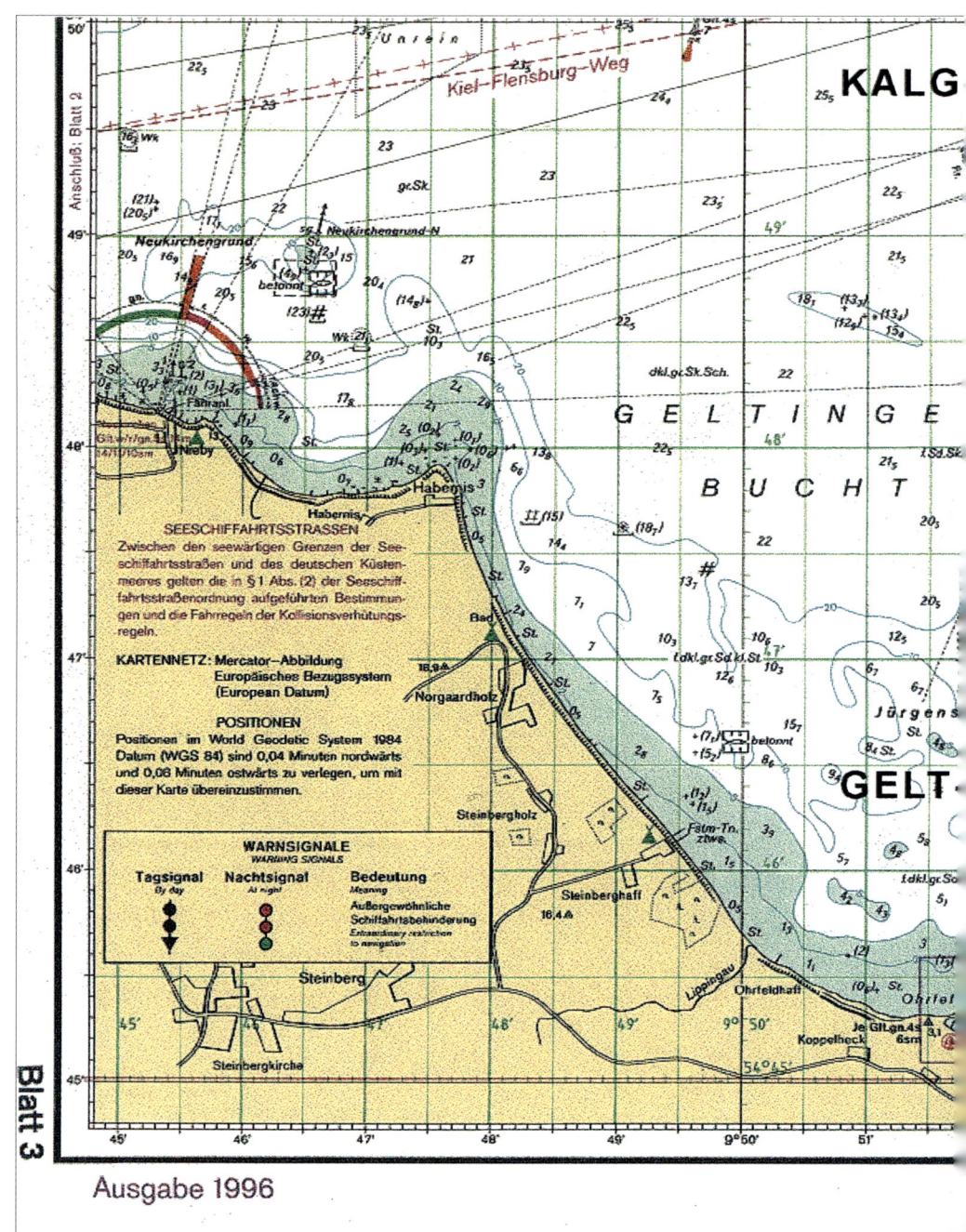

Tafel 2: Ausschnitt aus Blatt 3 des Sportbootkartensatzes 3003 »Flensburg bis Kiel«

34

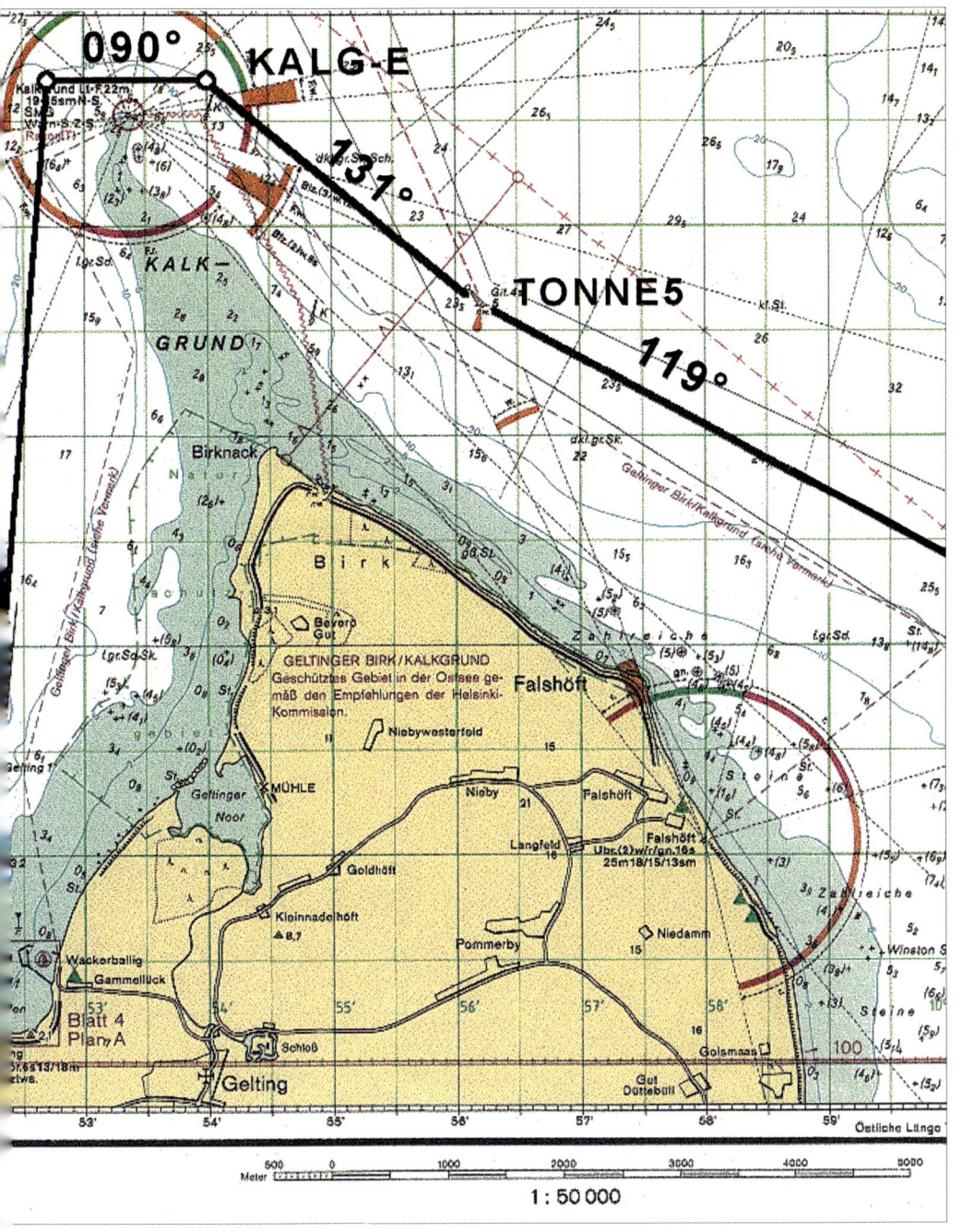

1 : 50 000

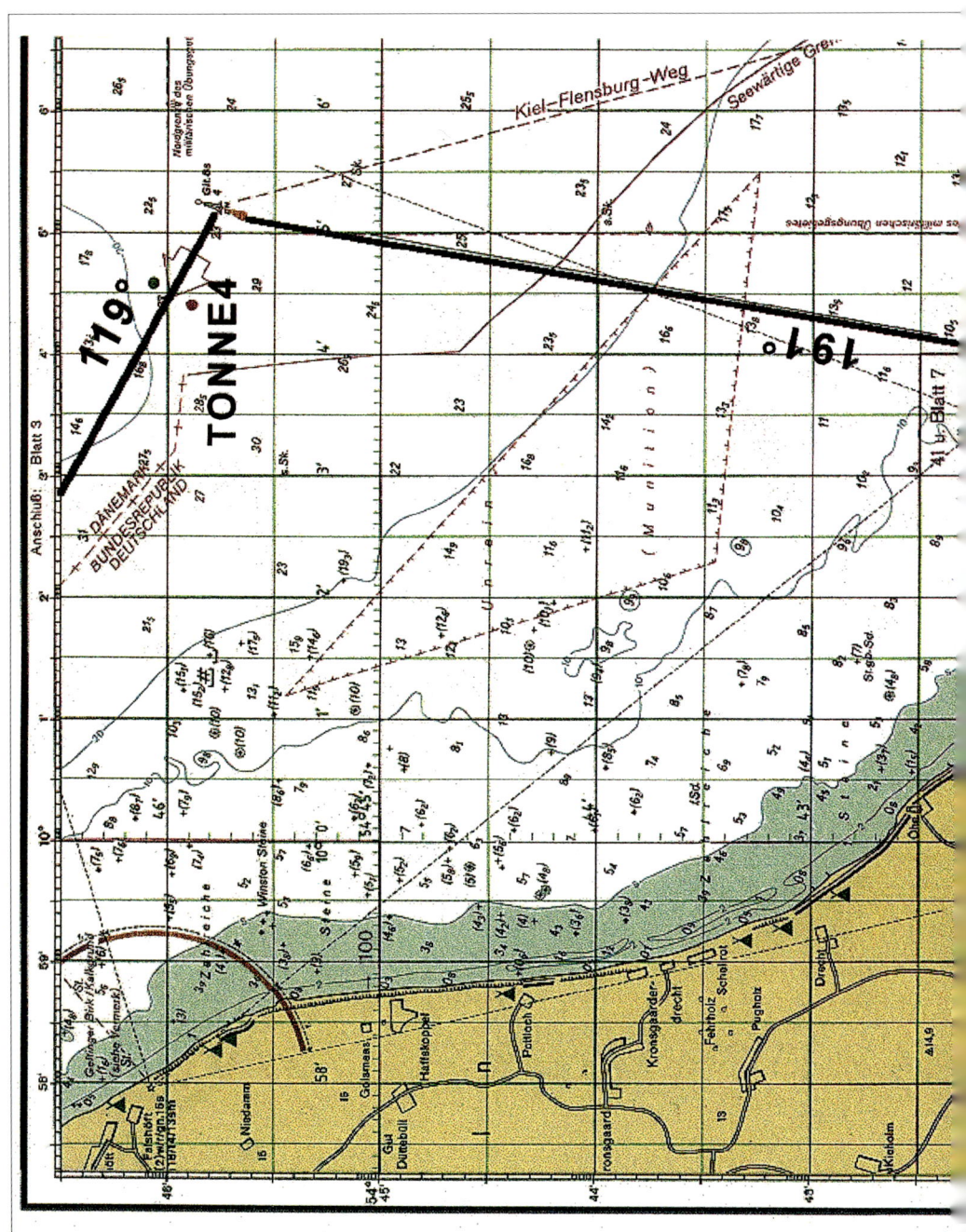

Tafel 3: *Ausschnitt (verändert) aus Blatt 6 des Sportbootkartensatzes 3003*
»Flensburg bis Kiel«

36

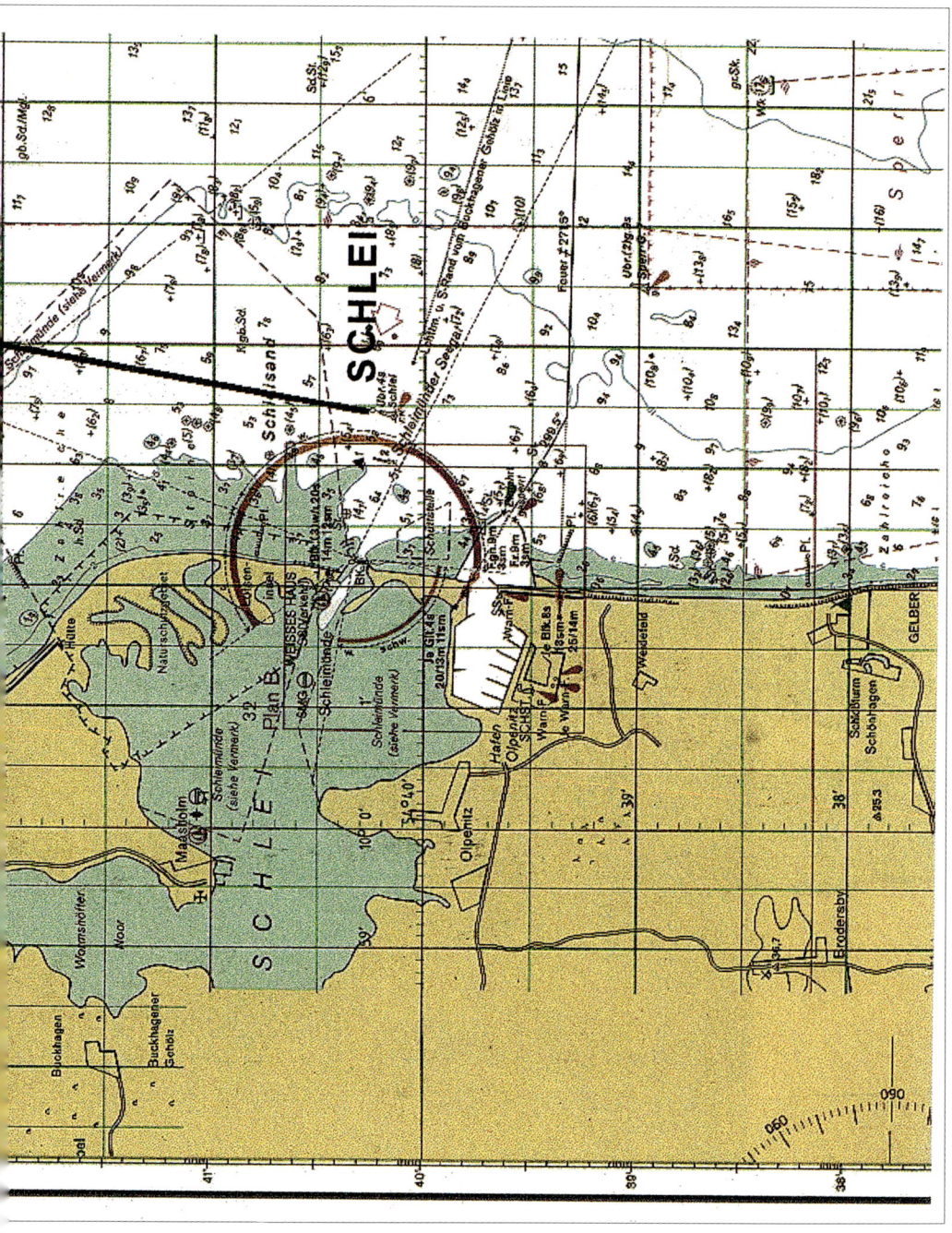

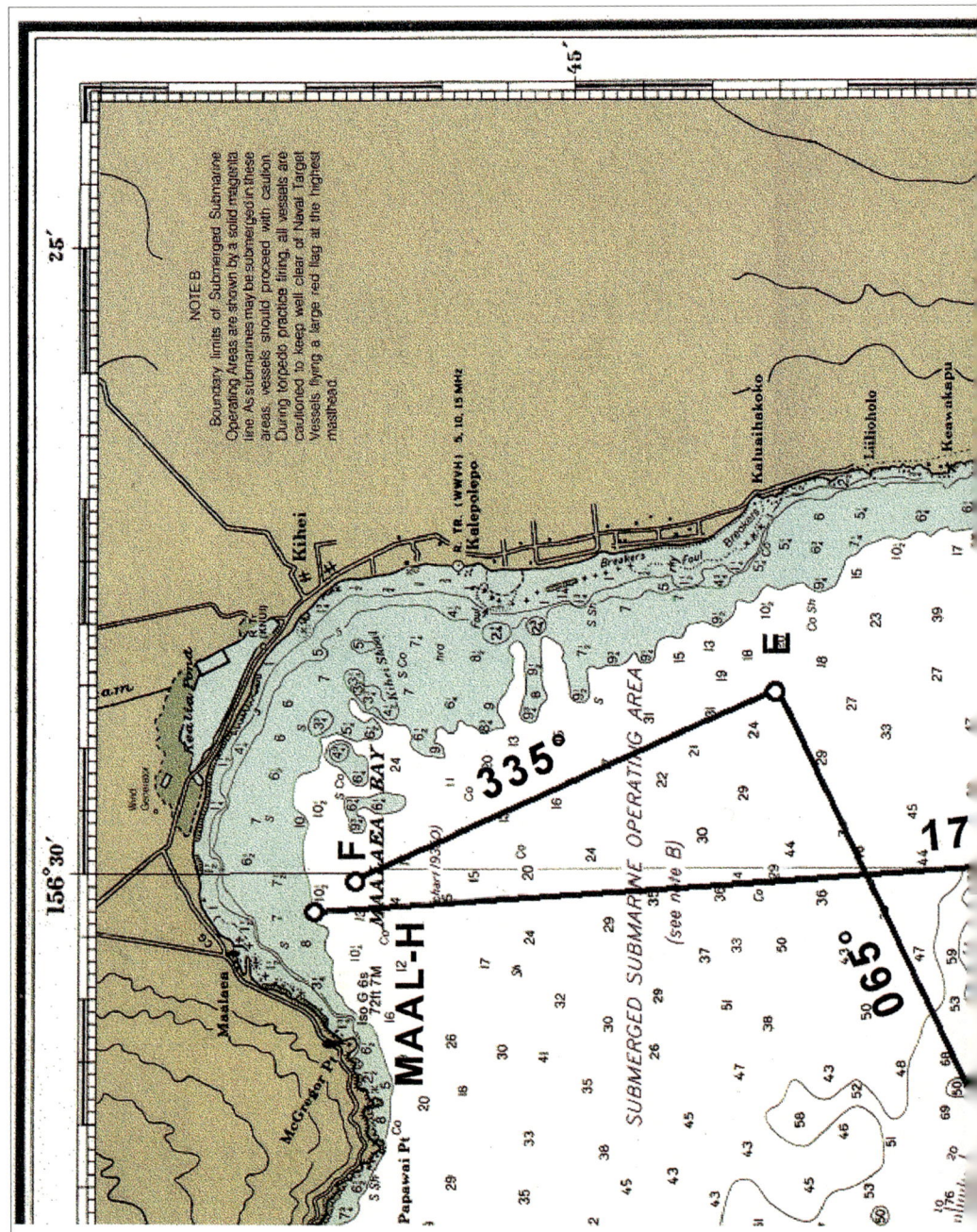

Tafel 4: Ausschnitt (verändert) aus der US-Karte 19347 (mit freundlicher Genehmigung des U.S.Departments of Commerce, National Oceanic and Atmospheric Administration). Für die Navigation nicht zu verwenden.

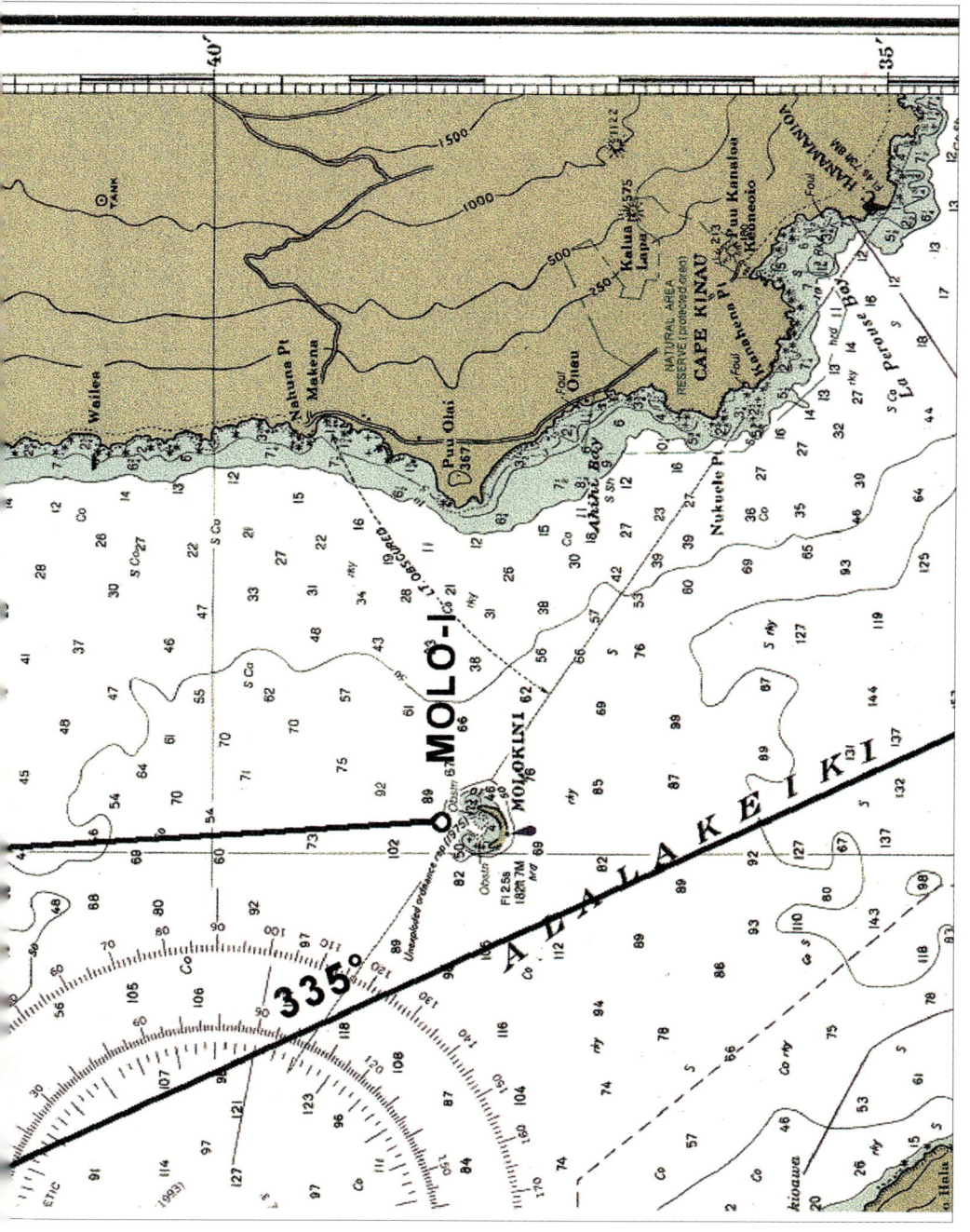

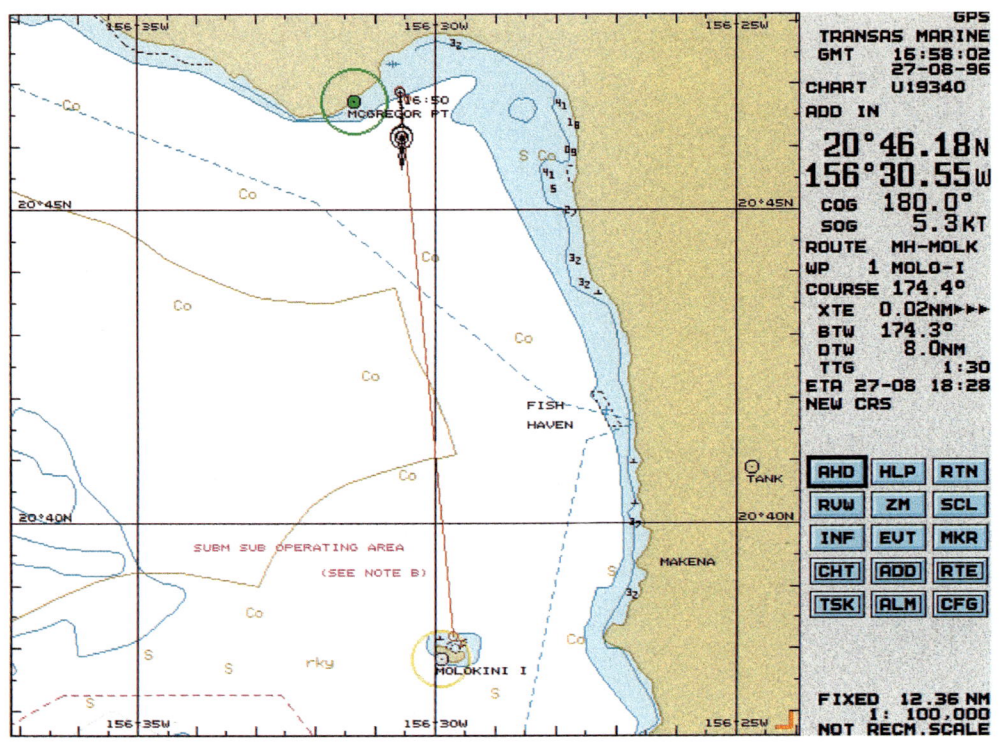

Tafel 5:
Beispiel für den Einsatz der Navigations-Software NS 540.
Einzelheiten zum Monitorbild siehe Seite 64.

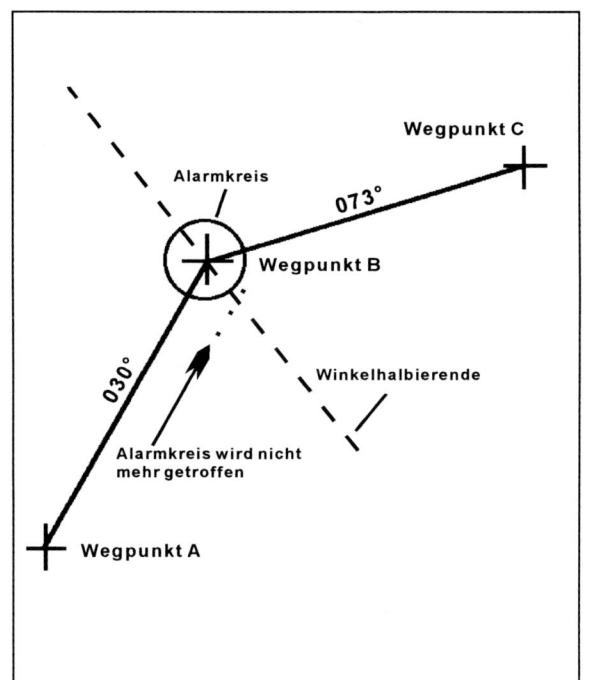

Wegpunkt C

Alarmkreis

073°

Wegpunkt B

030°

Winkelhalbierende

Alarmkreis wird nicht mehr getroffen

Wegpunkt A

24 In diesem Fall wird der Alarmierungskreis nicht mehr getroffen, wohl aber die Winkelhalbierende (gestrichelte Linie).

noch treffen würden. Das könnte zum Beispiel der Fall sein, wenn wir bei Versetzungen nicht aufsteuern wollen.

Eine besonders interessante Einsatzmöglichkeit ist die folgende:

Wir wollen sicherstellen, daß unser Schiff mindestens 2 Seemeilen abbleibt von einer Untiefe (Abb. 23, S. 32). Einfache Navigatoren könnten die Gefahrenstelle dann als Wegpunkt behandeln. Natürlich darf in diesem Fall nicht der zur Gefahrenstelle führende Kurs gehalten werden. Bei anspruchsvolleren Geräten kann diese Position speziell gekennzeichnet und abgespeichert werden. Die normale Wegpunktnavigation steht weiterhin uneingeschränkt zur Verfügung.

Läuft ein Alarm auf, ist unser Schiff in den Alarmierungskreis geraten, und wir können rechtzeitig Gegenmaßnahmen einleiten. Diese Technik wird vor allem in der Großschiffahrt eingesetzt.

Etwas aufwendigere GPS-Navigatoren kennen noch weitere Möglichkeiten. Eine davon ist die Methode der *Winkelhalbierenden.* In Abb. 24 steht das Schiff zwischen den Wegpunkten »A« und »B«. Durch Ausweichmanöver ist eine größere Versetzung aufgetreten. Der um »B« gezogene Alarmierungskreis würde daher auf dem gewählten Kurs nicht mehr getroffen. Die Winkelhalbierende wird aber auf jeden Fall erreicht, so daß auch in einem solchen Fall die Alarmierung sichergestellt ist.

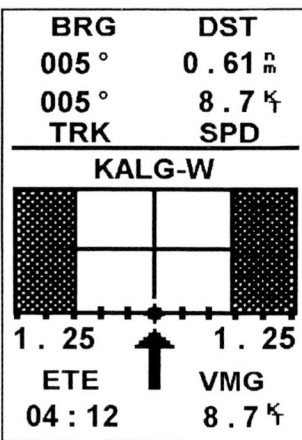

BRG	DST
005°	0.61 $\frac{n}{m}$
005°	8.7 $^k_{t}$
TRK	**SPD**

KALG-W

1.25   1.25
ETE   VMG
04:12   8.7 $^k_{t}$

MESSAGES

**Approaching
KALG-W**

PRESS PAGE

25 Das Boot hat sich bis auf 0,61 sm dem Wegpunkt KALG-W genähert und wird ihn bei der augenblicklichen FüG von 8,7 kn in 04 min und 12 s erreichen.

26 Der Navigator meldet, daß sich das Schiff dem Wegpunkt KALG-W so weit angenähert hat, daß er in einer Minute erreicht wird.

Beispielgerät:

Beim GPS38 sind die eben angesprochenen Möglichkeiten etwas anders realisiert und aus Kostengründen eingeschränkt. In dem Augenblick, in dem sich das Schiff dem Wegpunkt bis etwa auf die für die Kursabweichungsanzeige (CDI) gewählte Distanz genähert hat, erscheint am Ende der »Autobahn-Darstellung« eine waagerechte Gerade. Sie repräsentiert den Wegpunkt und bewegt sich auf das Symbol des eigenen Schiffes zu.

Sie erinnern sich, daß wir die Kursabweichungsanzeige auf den Wert ±0,25 sm eingestellt hatten. Inzwischen wurde sie auf ±1,25 sm umgeschaltet. Demnach erscheint die Gerade — das Wegpunktsymbol —, wenn wir noch etwa 1,25 sm vom Wegpunkt entfernt sind. Abb. 25 zeigt, daß wir

den Wegpunkt KALG-W genau recht voraus in 0,61 sm Distanz haben. Bei unserer Fahrt von jetzt 8,7 kn erreichen wir ihn (theoretisch) in 4 Minuten und 12 Sekunden. Da der Wegpunkt in der Grafik jetzt sichtbar ist, hat sich auch die Perspektive in der Darstellung geändert. Die »Fahrbahnränder« verlaufen nunmehr parallel zueinander. Die sich auf uns zu bewegende Gerade befindet sich in der Mitte der Grafik. Das ist offenbar korrekt, denn sie muß ja von oben nach unten 1,25 sm durchlaufen, und der aktuelle Abstand ist mit 0,61 sm etwa die Hälfte davon.

Außer auf ±0,25 sm und ±1,25 sm kann das Testgerät noch auf ±5 sm eingestellt werden. Mit dem Erscheinen des Wegpunktsymbols wird dem Nutzer damit das Überschreiten des Alarmierungskreises gemeldet. Der Unterschied zur Standardlösung liegt demnach hauptsächlich darin, daß für den Alarmkreis nur drei feste Werte verfügbar sind und daß beim Überschreiten kein Alarm ausgegeben wird.

Eine Minute vor Erreichen des Wegpunktes KALG-W gibt das Gerät eine Meldung (message) aus, die quittiert werden muß. Abb. 26 zeigt das entsprechende Displaybild. Beim Erreichen von KALG-W wird automatisch KALG-E aktiviert, und wir gehen entspre-

chend auf den KaK 090°. Abb. 27 zeigt den von unserem Boot »umrundeten« Feuerturm Kalkgrund. Vergleichen Sie die Angaben auch noch einmal mit den Kartenausschnitten auf den Seiten 34/35 und 36/37.

Der Rest der Route
und zurück nach Gelting
Nach Erreichen des Wegpunktes KALG-E wird automatisch der Wegpunkt TONNE5 aktiviert. Wir ändern unseren Kurs (KaK) auf

27 *Feuerturm Kalkgrund.*   **28** *Tonne 5 des Kiel-Flensburg-Weges.*

43

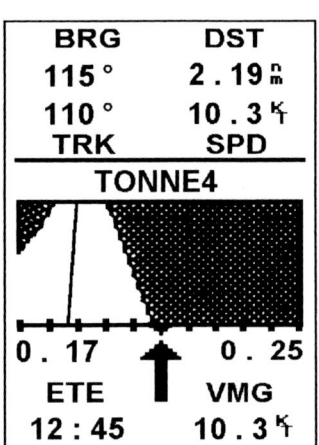

BRG	DST
115 °	2.19 $\frac{n}{m}$
110 °	10.3 ^{k}
TRK	SPD

TONNE4

0.17   0.25

ETE   VMG

12:45   10.3 ^{k}

30 *Highway-Darstellung bei einer Distanz zum Wegpunkt TONNE4 von 2,19 sm. Das Boot ist nach Steuerbordseite versetzt, XTE beträgt 0,17 sm. Bei der aktuellen FüG wird die Tonne in 12 min 45 s erreicht.*

29 *Tonne 4 des Kiel-Flensburg-Weges.*

131°. Es passiert weiter nichts Aufregendes. Wegen der schon erwähnten Messungen stoppen wir häufiger und laufen auch sehr unterschiedliche Fahrtstufen. Gegen 12.05 passieren wir die Tonne 5 des Kiel-Flensburg-Weges (Abb. 28). Die ganze Zeit ist unser Testkandidat in Betrieb.
Von den vielen Aufnahmen zeige ich Ihnen noch ein interessantes Beispiel:
Wir stehen etwas mehr als 2 sm vor der Tonne 4 (Abb. 29), unserem Wegpunkt

TONNE4 also. Das Display (Abb. 30) zeigt, daß die Tonne rechtweisend 115° peilt bei einer Distanz von 2,19 sm. Der aktuelle KüG ist 110°, die FüG 10,3 kn. Der CDI wurde wieder auf ±0,25 sm heruntergeschaltet. Vom Eigenschiffssymbol in der Mitte finden Sie nach jeder Seite fünf Teilstriche. 0,25 sm/5 = 0,05 sm. Die Striche markieren demnach jeweils 0,05 sm. Das Sollkurssymbol — die leicht nach rechts von der Senkrechten abweichende Gerade — beginnt bei etwas mehr als drei Teilstrichen links von der Mitte, genau bei 0,17 sm links vom Eigenschiffssymbol. Dieser Wert ist auf dem Display angegeben. Die 0,17 sm *bedeuten den cross track error.* Die »Fahr-

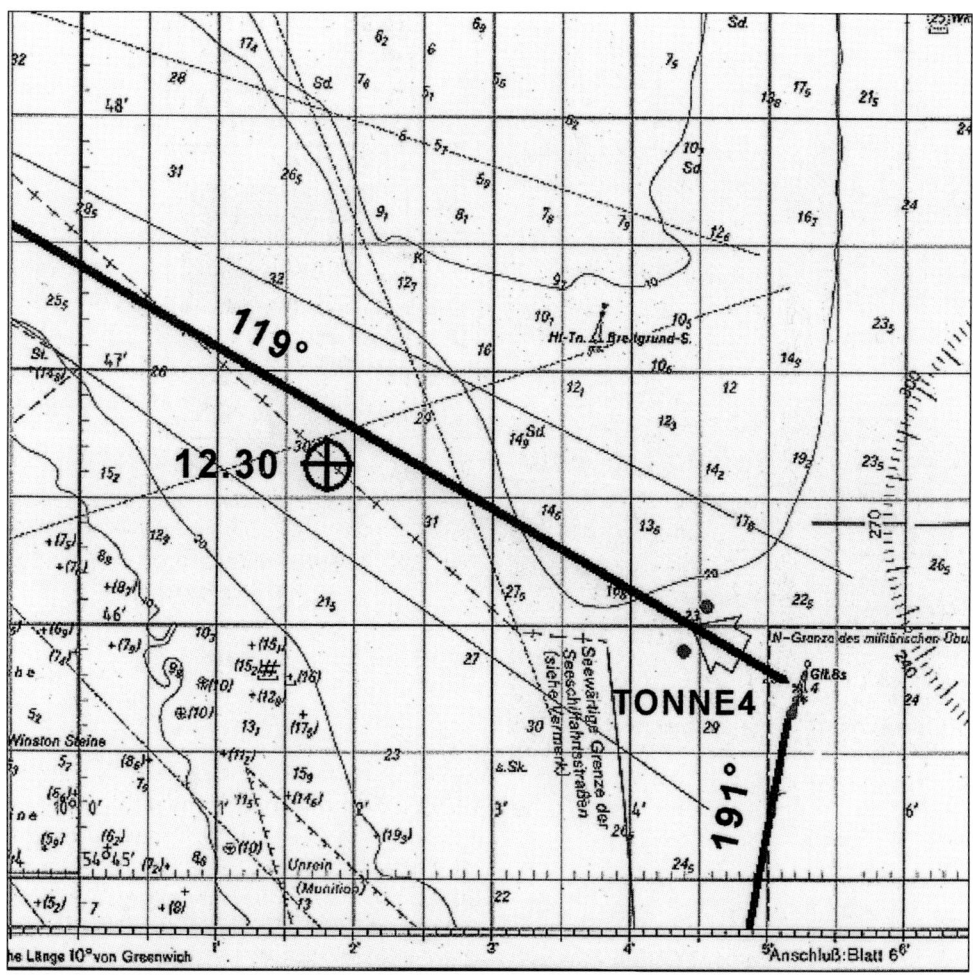

bahnmitte« (Sollkursgerade) liegt 0,17 sm an unserer Backbordseite. Wir können auch sagen, wir stehen 0,17 sm nach Steuerbord von der Sollkursgeraden. Abb. 31 zeigt die Verhältnisse noch einmal in einem Kartenausschnitt.

Wenn wir aufsteuern wollen, müssen wir demnach Kurs nach Backbord ändern. Wenn wir schnell auf die Sollkurslinie zu-

31 Die Situation von Abb. 30 noch einmal in einem Ausschnitt aus Blatt 6 des Sportbootkartensatzes Nr. 3003 »Flensburg bis Kiel«.

45

rückkommen wollen, müßten wir noch mehr nach Backbord gehen, als es dem gerade anliegenden Kurs von 110° entspricht. Alternativ könnten wir auch auf 115° gehen und damit die Tonne recht voraus halten. Eine weitere Möglichkeit wäre, den Sollkurs von 119° zu steuern beziehungsweise beizubehalten. Der dicke schwarze Pfeil weist, wie wir wissen, immer auf den Wegpunkt. Da dieser 115° peilt und unser Boot 110° anliegt, müßte der Pfeil eigentlich um 5° (115° − 110°) nach rechts gedreht sein. Das aber ist bei der geringen Auflösung des LCD-Displays nicht darstellbar. Erst größere Unterschiede wären erkennbar.

Was passiert aber eigentlich, wenn wir nicht aufsteuern oder sogar noch weiter versetzt wären und einfach parallel zur alten Soll-kurslinie weiterfahren würden? Das Wegpunktsymbol würde wie bisher etwa dann auftauchen, wenn die Distanz 0,25, 1,25 oder 5 sm beträgt, je nach Einstellung der CDI-Skala. Kurze Zeit bevor unser Schiff den kleinsten Abstand zum Wegpunkt hat, würde im vorliegenden Fall die Meldung *(message) Approaching TONNE4* auf dem Display erscheinen. Wenig später wäre die geringste Distanz zu TONNE4 vorhanden. Danach nimmt der Abstand wieder zu. Gleich darauf würde der Navigator automatisch den nächsten Wegpunkt SCHLEI aktivieren.

Einige Zeit später taucht die Ansteuerungstonne Schlei auf. In Abb. 32 ist sie zusammen mit der Lateraltonne Nr. 1 zu sehen. Jetzt ist natürlich Schluß mit der Wegpunkt-

32 *Ansteuerungstonne Schlei. Links davon, nur schwach erkennbar, die Lateraltonne 1.*

33 *Leuchtturm Schleimünde.*

34 *Tonne 17 / Maasholm 2 auf der Schlei.*

navigation. Wir fahren ganz konventionell nach Sicht. Kurze Zeit danach passieren wir an Steuerbordseite den Leuchtturm Schleimünde (Abb. 33) und wenden schließlich bei der Tonne 17/Maasholm 2 (Abb. 34). Diese Tonne ist grün mit einem waagerechten roten Band. Wissen Sie noch, welche Bewandtnis es damit hat?

Da wir auf dem gleichen Weg nach Gelting zurücklaufen wollen, kann noch eine interessante Möglichkeit der Wegpunktnavigation genutzt werden. Wir brauchen jetzt nämlich nicht etwa eine weitere Route mit den Wegpunkten SCHLEI, TONNE4, TONNE5 ... in den Navigator einzugeben. Es genügt vielmehr, die gesamte Route im Empfänger *umzukehren* oder zu *invertieren*. Dazu reicht ein einziger Tastendruck. Jetzt sehen Sie auch, daß es sinnvoll war, den auf der »Ausreise« gar nicht benötigten Wegpunkt GELT-1 (Tonne Gelting 1) in den Navigator einzugeben. Er fungiert auf »Heimreise« nach KALG-W als letzter aktiver Wegpunkt.

Vom Maalaea Harbor zum Molokini Island, durch den Alalakeiki Channel Richtung Hana und zurück

Sailing in paradise

Ahnen Sie, wo das ist? Natürlich nicht das in der Überschrift auftauchende Paradies, sondern die zungenbrecherischen Namen darüber. Wenn Sie jetzt vor Ihrem inneren Auge Hula-Hula-Mädchen in Binsenröcken tanzen sehen und die dazu passenden Hawaii-Gitarren schluchzen hören, dann haben Sie richtig geraten. Natürlich hat dieses von der Schlagerbranche und der Touristikindustrie gepflegte Klischee mit der Realität nicht das mindeste zu tun. Das merkt man spätestens dann, wenn das Flugzeug nach immerhin 17 Stunden auf einer der Hawaii-Inseln landet. Das Problem ist eben, daß die meisten Touristen die eigens für sie von den großen Hotels in Honolulu arrangierten »Folklore-Veranstaltungen« für das alte ursprüngliche Hawaii halten. Das aber ist längst entschwunden, vielleicht bis auf einige, mehr durch Zufall vom Touristikboom vergessene Nischen mit ein paar traurigen Restbeständen.

Heute ist Hawaii ein Bundesstaat der USA mit entsprechendem westlichem Standard und westlichem Lebenszuschnitt. Trotzdem: Hawaii ist ein Traum — das ist wirklich nicht übertrieben —, vor allem auch für uns Segler.

Ich muß zugeben, daß das mit den Hula-Hula-Mädchen und den Gitarren auch so ziemlich das einzige war, was ich vorher von Hawaii wußte. Ich hatte mich relativ kurzfristig für die Reise entschieden und mir nur noch einige amerikanische Seekarten und auch die entsprechenden elektronischen Versionen für mein Notebook besorgt. Wird schon klargehen, dachte ich mir, chartern kann man da sicherlich auch, und dann werden wir ja sehen.

Die Wirklichkeit holte mich aber ziemlich schnell ein. Schlechte Vorbereitung rächte sich auch hier wieder einmal. Die amerikanischen Segler, die ich beispielsweise in den Häfen auf Maui* traf, waren ausnahmslos sehr freundlich und hilfsbereit. Das Problem war nur, daß sie entweder größere Törns planten, oder es paßte zeitlich sonst irgendwie nicht, vor allem, da ich nur zwei Wochen bleiben konnte und mich natürlich auch an Land noch etwas umsehen wollte. Was war zu tun? Also habe ich mir erst einmal den Hotel-Katamaran fertiggemacht

und bin damit etwas rausgesegelt. Das war natürlich schon eine einsame Sache. Weiter raustrauen wollte ich mich aber doch lieber nicht, denn ab Mittag fing es meist ganz schön an zu wehen, und — eigentlich wollte ich ja »richtig« segeln.

Schließlich fand sich doch noch eine Möglichkeit. Auf Maui lag im Maalaea Harbor ein 64-Fuß-Schoner, ein richtig schickes Schiff (auf Abb. 35 leider nur unter Maschine zu sehen). Übrigens: Merken kann man sich die komplizierten hawaiischen Namen nur mit Mühe. Noch verwickelter wird alles dadurch, daß die aufeinanderfolgenden Vokale alle getrennt ausgesprochen werden müssen: Das tolle Schiff lag demnach auf Ma-u-i im Ma-a-la-e-a Harbor.

Normalerweise schippert es mit Touristen durch die Gegend. Ich hatte aber unheimlich Glück, daß gerade ein kleinerer Törn mit einer etwas »wasserkundigeren« Gruppe geplant war, der ich mich anschließen konnte.

Snorkeling and sailing

Das Frühstück fiel erst einmal aus. Es war noch ziemlich dunkel, als ich mit meinem dicken amerikanischen Leihauto (natürlich mit Automatik, was zu Anfang gar nicht so einfach war) am Anlegeplatz eintraf. Ordentlich bibbernd — es war unangenehm kalt —, wurde zusammen mit der Stammbesatzung alles klargemacht, und dann ging es los. Inzwischen war die Sonne mit einer phantastischen Farbenpracht aufgegangen. Unser erstes Ziel war Molokini Is-

35 *64-Fuß-Schoner in der Maalaea Bay, vor der Insel Maui.*

---

* *Maui ist nach Big Island (Hawaii) die zweitgrößte der Hawaii-Inseln.*

land. Auf dem Kartenausschnitt auf Seite 38/39 erscheint die Insel wie ein liegender Halbmond. Das Eiland ist der über die Wasseroberfläche ragende Teil eines erloschenen Vulkans. Auf den Abb. 36 und 37 können Sie ihn näher in Augenschein nehmen.

Segeln war zunächst nicht möglich. Die Westküste von Maui ist die Leeküste für den NE-Passat, was sich auch in der sehr unterschiedlichen Vegetation auf der Insel äußert. Zwar weht der Passat in den Sommermonaten mit großer Beständigkeit, das gilt aber nur für »draußen«. In der Nähe der Inseln sind die Windverhältnisse wesentlich

36 *Molokini Island recht voraus. Der Kurs ist auf den ersten Wegpunkt abgesetzt.*

37 *Auf dieser Abbildung ist der Kraterrand von Molokini Island gut zu erkennen.*

komplizierter. Das ist Ihnen aber sicher auch von den griechischen und türkischen Inseln im Mittelmeer bekannt. Auf den Hawaii-Inseln treten bedingt durch die teilweise sehr hohen Berge und die tief eingeschnittenen Täler ganz spezielle Effekte auf. Nachdem die nicht ungefährliche Hafenausfahrt passiert ist (die Tiefenangaben in unserem Kartenausschnitt bedeuten Faden), wird das beliebte Touristenziel Molokini recht voraus gehalten. Der zugehörige Kartenkurs ist 174°. Der gesetzte Wegpunkt (MOLO-I) liegt eben vor der Krateröffnung. Auch hier könnte man wieder nach Sicht fahren, die Wegpunktnavigation dient nur der Kontrolle.

Für uns gibt es hier zunächst keine neuen GPS-Erkenntnisse. Wie wir schon wissen, werden ständig die aktuelle Position, Kurs und Fahrt über Grund, Peilung und Abstand von MOLO-I, das ETA MOLO-I und das XTE angezeigt. Erwähnenswert ist aber, daß wir hier das Kartendatum WGS84 eingestellt haben, da die amerikanische Karte dieses Seegebietes auf dem WGS84 beruht.

Wegen der relativ niedrigen Breite, Molokini liegt auf etwa 20° 38' N, gewann die Sonne schnell an Höhe, und es wurde entsprechend warm. Also Zeit für die Einsalberei. Unsere amerikanischen Freunde hatten uns vorher gewarnt: *in any case, use oil with a high protection factor* — was wir denn auch wohlweislich befolgt haben. Die etwa neun Meilen hatten wir mit Maschine so rechtzeitig abgelaufen, daß wir als erstes Schiff im Krater eintrafen und an einer speziellen Unterwasservorrichtung festmachen konnten. Da der Kratertrichter mit Korallen bewachsen ist, hält ein Anker schlecht.

Ich habe nicht etwa vergessen, daß dieses ein GPS-Buch ist. Trotzdem gestatten Sie mir noch eine kleine Abschweifung.

Neben dem Segeln sind Surfen, Tauchen und Schnorcheln die ganz großen Wassersportrenner auf Hawaii. Vor Urzeiten hatte ich das Schnorcheln schon einmal probiert. Allerdings nicht auf einer Vergnügungsreise, sondern während einer ganz normalen beruflichen Seereise. Unser Schiff lag damals im Hafen von Jiddah in Saudi-Arabien. Während eines Rettungsbootsmanövers konnte dann zwischen den Korallenriffen vor Jiddah geschnorchelt werden. Schon damals hatten mich die Farbenpracht der Fische und das kristallklare Wasser stark beeindruckt.

Nachdem ich mit meinem »snorkel gear« (Ausrüstung) und den »fins« (Flossen) im Wasser gelandet war, bot sich auch hier wieder ein sagenhafter Anblick. Vielleicht nicht ganz so viele Fische wie im Roten Meer — dort hat der Tourismus inzwischen aber auch seinen Einzug gehalten —, aber immer noch »absolutely fantastic«.

Durch den Alalakeiki Channel Richtung Hana

Den Alalakeiki Channel können Sie auf dem Kartenausschnitt auf Seite 38/39 gerade noch erkennen. Er trennt die kleinere Insel Kahoolawe, von der Sie in unserem Ausschnitt unten links ebenfalls noch ein Stück sehen können, von Maui. Nach der Durchsteuerung des Kanals gelangt man auf östlichen bis nordöstlichen Kursen in den zwischen Maui und Big Island (Hawaii) liegenden Alenuihaha Channel. Jetzt hat man auf NE-Kurs den vollen Passat praktisch ge-

38 *Unter Segel in der Inselwelt von Hawaii.*

39 *Zurück zur Maalaea Bay. Das Schiff läuft auf die Küste von Maui zu.*

genan, und der kann hier am Tage ganz be-achtlich wehen. Meilen macht man da nur sehr wenige. Also wieder Maschine. Wir wollen diesen Reiseabschnitt hier über-springen, vor allem auch deswegen, damit meine Hawaii-Begeisterung nicht noch wei-tere Seiten füllt.

Unter Segel zurück nach Maalakaea

Jetzt geht es nicht nur wieder zurück zum Ausgangshafen, sondern auch wieder zurück zu GPS. Auf dem Kartenausschnitt (S. 38/39) ist ein Teil der Route nach Maalakaea zu erkennen. Eingetragen sind die Wegpunkte D, E und F. Da jetzt gesegelt wird, treten für die Wegpunktnavigation ganz andere Verhältnisse auf als unter Maschine. Selbstverständlich kann man beispielsweise für den Routenabschnitt C (nicht mehr im Kartenausschnitt) bis D die zugehörigen Wegpunkte C und D in den Navigator eintippen. Vorher überlegt man sich auch noch, welchen Kurs das Schiff anliegen kann. Aber: Ob der Wind sich an unsere Festlegungen hält, ist doch sehr zweifelhaft. Mit Sicherheit müssen wir auf dem vorgeplanten Kurs 335° etwas anluven oder abfallen (wir rechnen etwa mit NNE). Außerdem gelangen wir wieder in Lee, wenn auch nicht so ausgeprägt, wegen des größeren Abstandes von Land. Richtig Wind haben wir dann wieder auf den Kursen 065° und 335°, zwischen D und E und E und F. Das liegt daran, daß sich etwa nordöstlich der Maalaea Bay bis zur Kahului Bay (nicht mehr auf unserem Ausschnitt) ein flacher schmaler Landstreifen erstreckt, über den der Passat ungehindert mit einem typischen Düseneffekt wehen kann.

Was bedeutet das konkret für die Wegpunktnavigation? Es heißt, daß wir beim Segeln Wegpunkte nur noch als ungefähren Anhalt verwenden können. Mit ihrer Hilfe sind Versetzungen weiter leicht erkennbar, nur auf die Zahlenwerte dürfen wir jetzt nicht mehr so genau sehen. Bei den in unserem Beispiel doch relativ konstanten Windverhältnissen ist Wegpunktnavigation

in der gezeigten Form noch möglich. Sie sehen aber schon, daß es mit einer Planung, wie in unserem Ostsee-Beispiel, nicht mehr so ganz klappt. Fängt der Wind, was ja auf unseren heimischen Seerevieren nichts Ungewöhnliches ist, noch an zu drehen oder gar umzuspringen, bricht alles zusammen. Damit aber sind wir schon beim nächsten Punkt, der abschließenden Bewertung der Wegpunktnavigation.

Bewertung der Wegpunktnavigation

Ich meine, eines haben unsere Betrachtungen gezeigt: Grundsätzlich stellt die Wegpunktnavigation eine Bereicherung der Navigationsmöglichkeiten dar. Sie kann die Schiffsführung erleichtern und die Sicherheit erhöhen. Allerdings nur, wenn sie richtig eingesetzt wird und wenn man sich nicht vollständig darauf verläßt. Aus unserem Ostsee-Beispiel ist ferner sofort zu erkennen, daß Wegpunktnavigation gut auf Motoryachten und natürlich vor allem in der Großschiffahrt eingesetzt werden kann.

Beim Segeln schneidet sie dagegen weniger gut ab. Das Absegeln von vorgeplanten Routen wird hier eher die Ausnahme bleiben. Dabei muß es durchaus nicht so sein, daß wir gerade aus der Richtung, in die wir segeln wollten, zu unserer größten Freude den Wind voll gegenan haben. Auch weniger spektakuläre Launen der Troposphäre lassen sich nicht einkalkulieren.

Meist wird man sich daher mit dem Setzen jeweils eines Wegpunktes begnügen. Nach dem mehr oder weniger gelungenen Erreichen dieses Punktes setzt man wieder einen Punkt und so fort. Dabei richtet man sich stets nach den aktuellen Windverhältnissen.

Es gibt noch einen weiteren Aspekt, den wir beachten sollten. Vor allem angeregt durch diverse Wegpunktlisten, werden von vielen Yachten ein und dieselben Punkte angelaufen. Folge ist, daß in der Hauptsaison in der südlichen Ostsee an bestimmten Positionen ein richtig gefährliches »Gedränge« herrscht. Ähnliches ist übrigens auch schon in der sogenannten »Berufsschiffahrt« zu beobachten. Anstatt die Kurse so abzusetzen, wie sich das aus den Eigenschaften meines Schiffes, eventuellen gesetzlichen Einschränkungen (Verkehrstrennungsgebiete zum Beispiel) und den geographischen Gegebenheiten ergibt (Wassertiefen, Strom, Fischer...), werden irgendwelche beliebten Wegpunkte benutzt.

Wir hatten uns bereits die Frage gestellt, ob Wegpunktnavigation wirklich *die* zentrale Möglichkeit der GPS-Navigation darstelle. Ich persönlich meine, sie wird überbewertet. Die Hersteller von GPS-Navigatoren lieben sie vor allem deshalb, weil sie mit den Möglichkeiten der heutigen Computertechnik sehr gut realisierbar ist.

Nach diesen ein wenig pessimistischen Aussagen aber noch etwas Positives. Uneingeschränkt von Vorteil ist die Wegpunktnavigation für die Reiseplanung, können wir doch mit ihrer Hilfe sehr schnell und sehr einfach unseren Wunschtörn in allen möglichen Varianten durchspielen und aussichtsreiche Varianten festhalten.

GPS für den Profi — oder für den, der es werden möchte

GPS-Navigatoren und der Rest der Welt

Bisher haben wir den GPS-Navigator nur als sogenanntes *Stand-alone-System* betrachtet. In letzter Zeit werden aber immer mehr Anlagen angeboten, bei denen GPS nur noch ein Teilsystem eines umfangreicheren und komplexeren Navigationssystems darstellt.

Wenn der GPS-Navigator mit einem Autopiloten oder einem elektronischen Kartenplotter zusammenarbeiten soll, dann muß er seine Informationen an diese Geräte liefern können. Andererseits muß er auch in der Lage sein, Daten von angeschlossenen Systemen zu empfangen. Dieser Datenaustausch läuft über eine *Schnittstelle.* Alle neueren GPS-Navigatoren besitzen daher eine oder sogar mehrere Schnittstellen.

Wir können uns das auch noch einmal mit einem Blick auf die PC-Verhältnisse klarmachen. Wir hatten schon davon gesprochen, daß GPS-Geräte eigentlich Computer sind. So ist es nicht weiter verwunderlich, daß man, wie beim PC, auch den »GPS-Computer« mit anderen Geräten verbinden kann. Das ist genauso, als wenn wir an den PC eine Maus, einen Drucker oder einen anderen PC anschließen.

Geheimnisse der NMEA-Schnittstelle

Damit das beim PC in der gewünschten Weise funktioniert, hat er standardisierte Schnittstellen, für den Drucker zum Beispiel eine parallele Schnittstelle. Wegen der — von der Industrie nicht ungern gesehenen — ständigen Veränderungen herrscht beim PC auf diesem Gebiet (wie in allen anderen PC-Bereichen) ein beinahe perfektes Chaos.

Ganz so schlimm sind die Verhältnisse bei GPS noch nicht. Hier hat sich weitgehend die *NMEA-Schnittstelle* durchgesetzt. Mit dieser Schnittstelle wollen wir uns nun etwas eingehender beschäftigen.

Wozu brauche ich das?

Eine berechtigte Frage. Zunächst einmal helfen uns solche Erkenntnisse, die meist im Anhang der GPS-Bedienungsanleitung befindlichen Aussagen über irgendwelche »unterstützten Schnittstellenformate, Standard-Datensätze und eigene Datensätze« zu durchschauen und zu verstehen. Vielleicht haben Sie auch schon einmal Ärger beim Anschluß von Geräten eines anderen Herstellers an Ihr GPS-System gehabt. Solche Probleme sind bei entsprechendem Know-how vermeidbar.

Sollten Sie gar ein richtiger Computer-Freak sein, dann können Sie sich für Ihre GPS-Anlage eigene Software schreiben oder solche aus dem Shareware-Markt einsetzen. Wir kommen auf S. 59 auf dieses Thema noch zurück.

Trotzdem muß ich hier eine Warnung aussprechen: Wenn Sie keine Ambitionen in dieser Richtung haben und sich immer wieder fragen, wie es ein Brief eigentlich schafft, vom PC-Bildschirm durch das Kabel auf das Papier im Drucker zu gelangen, dann sollten Sie dieses Kapitel lieber überfliegen. Hoffentlich sind Sie jetzt nicht beleidigt — ernst ist das natürlich nicht gemeint. Auf jeden Fall wäre es aber jetzt nützlich, wenn Sie über etwas detailliertere PC-Kenntnisse verfügten.

Aufnehmen und Abspeichern von GPS-Datensätzen

Bevor wir uns das, was über die Schnittstelle ausgegeben wird, konkreter anschauen, müssen wir uns eine solche Ausgabe erst einmal beschaffen. Das ist nun relativ einfach möglich. Wir brauchen selbstverständlich einen GPS-Navigator mit NMEA-Schnittstelle und zusätzlich das über die Lieferfirma zu beziehende Datenübertragungskabel. Dieses Kabel ermöglicht die direkte Verbindung zwischen Navigator und Rechner. An dem einen Ende hat es den für das GPS-Gerät passenden Stecker, am anderen befindet sich ein Stecker für die serielle PC-Schnittstelle.

Jetzt brauchen wir noch ein Software-Werkzeug, um die Daten in den PC zu transportieren. Wir nehmen hier an, daß der Rechner unter WINDOWS läuft. Selbstverständlich gibt es auch geeignete Software

für DOS. Wenn Sie noch WINDOWS 3.1 oder 3.11 benutzen, können Sie das in *Zubehör* enthaltene *Terminal-Programm* einsetzen. Sie müssen es für den Empfang entsprechend konfigurieren. Das heißt, den korrekten COM-Port (serielle Schnittstelle, moderne Rechner besitzen in der Regel zwei) auswählen und die Übertragungsgeschwindigkeit (4800 Baud) Ihres GPS-Navigators einstellen. Außerdem müssen Sie noch festlegen, daß die Daten in einer Datei gespeichert werden sollen. Dann starten Sie das GPS-Gerät und wählen bei den Schnittstellen-Einstellungen die Option *Senden* und *NMEA 0183* (s. unten). Nun sehen Sie (hoffentlich!) auf dem Monitor wilde Zeichenkolonnen erscheinen.

Leider taucht noch ein weiteres Problem auf. Unsere mühsam gewonnenen Daten sind nicht sonderlich inhaltsreich, wenn der Navigator auf dem Schreibtisch liegt. Also benutzt man für solche Experimente am besten ein Notebook, so man hat!

Wenn Ihr Computer unter WINDOWS 95 läuft, können Sie analog das Programm *HyperTerminal* benutzen. Selbstverständlich kann auch das aktuelle WINDOWS 98 eingesetzt werden.

Die Daten werden enträtselt

Bevor wir uns die auf diese Weise erhaltenen Datensätze näher anschauen, noch einige Hinweise zur NMEA-Schnittstelle selbst. NMEA steht für *National Marine Electronics Association*. Die zur Zeit (1998) am weitesten verbreitete Version ist NMEA 0183, Version 2.00, die auch wir verwenden wollen. Die letzte Aktualisierung (Version 2.30) datiert vom März 1998. Bezugsmöglichkeiten für die vollständige Dokumentation des NMEA-

```
$GPGGA,110003,5444.103,N,01004.706,E,1,08,1.0,1.7,M,46.0,M,,*4B
$GPGSA,A,3,03,17,19,21,22,23,28,31,,,,,1.8,1.0,1.5*39
$GPGSV,2,1,08,03,78,271,42,17,32,065,45,19,12,305,41,21,46,152,43*71
$GPGSV,2,2,08,22,33,192,45,23,50,083,45,28,50,119,43,31,33,292,48 *72
$GPGLL,5444.103,N,01004.706,E,110003,A*2E
$GPBOD,190.1,T,190.0,M,SCHLEI,TONNE4*34
$GPRTE,1,1,c,0,GELT-1,KALG-W,KALG-E,TONNE5,TONNE4,SCHLEI*0A
$GPWPL, 5446.440,N,00952.270,E,GELT-1*45
$GPRMC,110004,A,5444.103,N,01004.706,E,009.8,188.5,140796,000.1,E
*7C
$GPRMB,A,0.01,R,TONNE4,SCHLEI,5440.120,N,01003.400,E,004.1,190.7,
009.8,V*50
```

Tabelle 2

Standards erfährt man am einfachsten über das Internet (s. S. 79).

In Tabelle 2 sehen wir einen Auszug aus einer Liste mit abgespeicherten Datensätzen. Wenn Sie etwas näher hinschauen, finden Sie wahrscheinlich alte Bekannte. Es tauchen auf die Wegpunkte unseres kleinen Ostseetörns, auch Positionen, Uhrzeit und Datum können Sie nach einigem Suchen finden. Vorteilhaft ist also, daß direkt lesbare ASCII-Zeichen verwendet werden. Doch nun ein klein wenig systematischer.

Jede Zeile in unserer Liste enthält einen einzelnen *Datensatz (sentence),* wobei einige Sätze sich in der nächsten Zeile fortsetzen. Dabei ist ein einzelner Satz folgendermaßen aufgebaut:

$ a a c c c , c --- c * h h < C R > < L F >

Es bedeuten:

$: Start des Satzes (string, mit $-Zeichen)

a a c c c : Adreßfeld

, : Begrenzungszeichen für Datenfeld

c---c : Datenblock

* : Begrenzungszeichen für Prüfsumme

h h : Prüfsummenfeld

<CR><LF> : Zeichen für Zeilenende

Am besten entnehmen wir der Tabelle 2 jetzt einen Beispielsatz und versuchen, ihn zu analysieren:

$GPRMC,110004,A,5444.103,N,01004.706, E,009.8,188.5,140796,000.1,E *7C

Das Adreßfeld beginnt mit den Zeichen **GP.** Diese stehen für GPS. Ein Loran-C-Datensatz beispielsweise würde mit **LC** nach dem $-Zeichen beginnen. **RMC** weist darauf hin, daß die empfohlenen minimalen spezifischen GPS-Daten folgen *(Recommended Minimum Specific GPS Data).* Keine Probleme haben wir bei der Entschlüsselung von **110004** und **5444.103, N, 01004.706,E.** Offenbar wird die UTC 11.00.04 ausgegeben, die in unserem Fall zwei Stunden vor MESZ liegt. Danach folgen Breite 54° 44,103' N und Länge 010° 04,706' E. Das eingeschobene **A** signalisiert die Gültigkeit der Daten.

009.8, 188.5, 140796, 000.1, E bedeuten: Fahrt über Grund 9,8 kn, Kurs über Grund 188,5°, das Datum 14. 07. 96 und die Mißweisung 0,1° E. Gar nicht so schlimm, oder?

Bleibt mit ***7C** noch der letzte Teil. Um möglichst große Übertragungssicherheit zu garantieren, wird aus den übertragenen Zeichen eine Prüfsumme gebildet und diese mit der übermittelten Prüfsumme verglichen. Stimmen beide nicht überein, liegt ein Fehler vor, und die Übertragung wird wiederholt*.

In unserem kleinen Buch können wir natürlich nicht die gesamte NMEA-Dokumentation abdrucken. Vielleicht schauen wir uns aber doch noch einen leicht zu verstehenden Satz an:

$GPGSV,2,1,08,03,78,271,42,17,32,065,45, 19,12,305,41,21,46,152,43*71

Hier werden Angaben zu den sichtbaren GPS-Satelliten gemacht, **GSV** heißt *GPS Satellites in View*. **2, 1, 08** bedeuten nacheinander: Es werden 2 Datensätze gesendet, der vorliegende Satz ist der erste der beiden Sätze, und es sind 8 Satelliten sichtbar. Es folgen jetzt in Vierergruppen Angaben zu den einzelnen Satelliten: **03, 78, 271, 42:** Satellitennummer 3, Höhe 78°, Azimut 271°, Angabe zur Signalstärke**. Weiter

geht es mit den Satelliten Nr. 17, 19 und 21. Am Ende erscheint wieder die Prüfsumme. Zum Abschluß gebe ich Ihnen noch die Bedeutung aller Satzkennzeichner *(Sentence Formatters)* für die 10 Beispielsätze aus Tabelle 2 an:

GGA: GPS Fix Data (GPS-Positionsdaten)

GSA: GPS DOP and Active Satellites (Betriebsart des GPS-Empfängers, aktive Satelliten und DOP-Werte)

GSV: GPS Satellites in View (sichtbare GPS-Satelliten)

GSV: GPS Satellites in View (sichtbare GPS-Satelliten)

GLL: Geographic Position, Latitude/Longitude (Position Breite/Länge)

BOD: Bearing, Origin to Destination (Peilungen vom letzten zum aktiven Wegpunkt des aktuellen Routenabschnittes)

RTE: Routes (Routen- und Wegpunktbezeichner)

WPL: Waypoint Location (Breite/Länge eines bestimmten Wegpunktes)

RMC: Recommended Minimum Specific GPS Data (empfohlenes Minimum an zu übertragenden spezifischen GPS-Daten)

RMB: Recommended Minimum Navigation Information (empfohlenes Minimum an zu übertragenden Navigations-Informationen)

Die Beispielsätze wurden mit unserem Testgerät GPS38 aufgenommen (Interface-Seite Abb. 40). Sie geben eine vollständige Beschreibung der aktuellen navigatorischen Situation um rund 13.00 MESZ für eine bestimmte Position nach Passieren des Wegpunktes TONNE4. Einen Teil dieser Standardsätze werden Sie auch bei Ihrem GPS-

---

* *Für Spezialisten: Die ASCII-Codes der übertragenen Zeichen (bis auf $ und *) werden durch XOR (exklusives oder) miteinander verbunden. Das Ergebnis wird in hexadezimaler Form angegeben.*
** *Nochmals für Spezialisten: Von 0 bis 99 dB, hier also 42 dB.*

```
   INTERFACE
NONE/NMEA
NMEA 0183 2.0
4800 baud
```

40 *Interface-Seite des GPS38. Das Gerät ist so eingestellt, daß über die Schnittstelle keine Daten empfangen, sondern nur gesendet werden (NONE / NMEA). Der Navigator sendet mit einer Datenrate von 4800 bit/s im Format NMEA 0183 Version 2.0.*

Empfänger finden. Die Auswahl aus den vielen verfügbaren Datensätzen ist aber von Hersteller zu Hersteller verschieden. Je leistungsfähiger eine Anlage ist, desto mehr Sätze werden in der Regel auch übertragen. Bei aufwendigeren und damit teureren Systemen wird aber meist ein etwas ausführlicheres Handbuch mitgeliefert. Viele Hersteller dokumentieren die verwendeten Datensätze darin, so daß Sie sich auch so zurechtfinden können.

Nach den NMEA-Richtlinien ist es auch möglich, daß die Standardsätze durch herstellerspezifische Sätze ergänzt werden.

Dazu hat die NMEA jedem Hersteller einen aus drei Zeichen bestehenden mnemonischen (leicht zu merkenden) Code zugeteilt. Beispielsweise ist das *APC* bei Apelco, *GRM* bei Garmin und *TNL* bei Trimble.
Die Garmin-Sätze (geschätzter Positionsfehler, Kartendatum, Höhe und Kontrolle des DGPS-Bakenempfängers) wurden nicht in Tabelle 2 aufgenommen.

Was läßt sich mit den Daten anfangen?
Lassen Sie uns erst einmal überlegen, was *wir* im Prinzip mit den Daten anfangen könnten. Wir hatten gerade festgestellt, daß durch die übertragenen Datensätze eine bestimmte navigatorische Situation vollständig gekennzeichnet ist. Wenn Sie also ein wenig programmieren können, dann haben Sie fast unbegrenzte Möglichkeiten. Sie könnten ein kleines Programm schreiben, mit dem Sie die an der seriellen Schnittstelle (COM-Port) angelieferten Daten lesen. Durch String-Befehle (in BASIC besonders einfach) könnten Sie dann, sagen wir, Breite und Länge aus den Datensätzen herausschneiden und weiterverarbeiten. Beispielsweise wäre es so möglich, die gefahrene Bahn des Bootes zu plotten. Wenn dann noch zusätzlich eine Karte unterlegt wird, ist das bereits ein elektronischer Kartenplotter, womit wir eigentlich schon beim nächsten Kapitel wären.
Was wir da eben skizziert haben, ist im *Prinzip* sehr einfach, erfordert aber doch sehr viel Aufwand und Arbeit. Da wir in der knappen Urlaubszeit aber schon mit dem geplanten Segeltörn Zeitprobleme bekommen, ist das wohl doch eher etwas für Spezialisten und Computerfreaks. Die gibt es

41 *Eine im farbigen Original besonders schöne Webseite von Gerard van Toomenberg. Hier läßt sich das Programm »GPS Positioner Pro« als FREEWARE herunterladen. Mit dieser Software steht ein komfortables WINDOWS-Programm zum Datenaustausch zwischen PC und GPS-Navigator über die NMEA-Schnittstelle zur Verfügung.*

aber auch unter Seglern, und die können vielleicht von diesen Ausführungen etwas profitieren.

Wenn Sie nicht gleich aufwendigere käufliche Software einsetzen wollen, andererseits aber auch nicht genügend Zeit und

Lust haben, sich in diese Materie einzuarbeiten, dann gibt es noch einen Mittelweg. Im Internet und auch bei den Online-Diensten (s. hierzu S. 79) werden Shareware-Programme angeboten, mit denen GPS-Daten gelesen und auch weiterverarbeitet werden können. Diese Programme, erhältlich für eine geringe Registrierungsgebühr, sind teilweise genauso leistungsfähig wie die um ein Vielfaches teureren kommerziellen Produkte.

Abbildung 41 zeigt das Menü eines schon etwas älteren DOS-Programms, das ursprünglich wohl für die Fliegerei entwickelt wurde. Da eine bestimmte Datensatz-Aus-

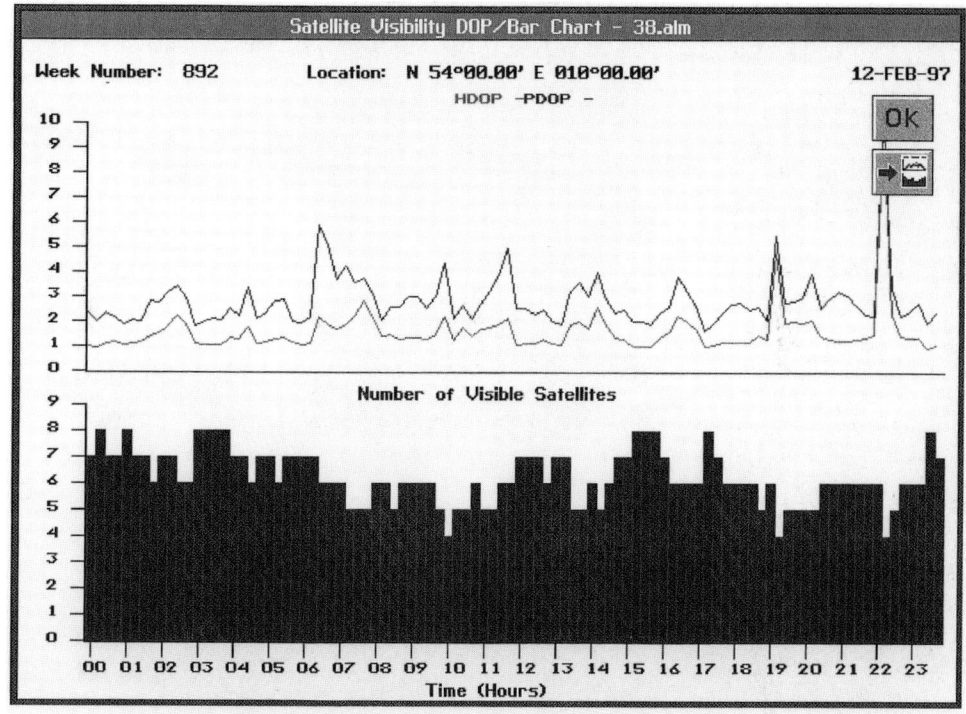

wahl verwendet wird, ist die Software nur begrenzt bei beliebigen GPS-Navigatoren verwendbar. Dieses Programm ist *public domain,* das heißt, es darf beliebig kopiert und weitergegeben werden, ohne daß irgendwelche Gebühren anfallen.

Relativ preisgünstig ist auch noch Software, die von einigen Geräteherstellern angeboten wird. Zwar kann sie nicht mit einem ausgewachsenen GPS-Navigationspaket konkurrieren, bietet aber doch einiges, vor allem auch Gelegenheit zu eigenem Experimentieren. Abb. 42 zeigt ein Beispiel.

42 Beispiel für die Möglichkeiten eines von der Firma Garmin entwickelten GPS-Programms. Geplottet wurden HDOP und PDOP sowie die Anzahl der verwendbaren Satelliten am 12. Februar 1997 bei einem Maskierungswinkel von 15°. HDOP, PDOP, Maskierungswinkel: s. Kleines Lexikon ... auf Seite 89 .

Elektronische Kartenplotter und GPS

Was wird angeboten?

Wie im letzten Abschnitt besprochen, ist heute vermehrt ein Trend hin zur Kombination von GPS-Empfängern mit weiterer Hard- und Software zu beobachten. Da uns in diesem Buch primär der Bereich Navigation interessiert, werden wir uns daher auch die Vertreter des »navigatorischen main streams« näher ansehen, und das sind zweifellos die elektronischen Kartenplotter. Im einfachsten Fall wird der GPS-Navigator dabei lediglich durch ein kleines Softwarepaket ergänzt, das dem Navigator bescheidene Plotfähigkeiten verschafft. Abb. 43 zeigt als Ergebnis einer solchen Erweiterung die Plotseite unseres Testgerätes GPS38.

Sozusagen am anderen Ende der Skala stehen sehr leistungsfähige Kombinationen von Hard- und Software, die teilweise nur etwas »abgemagerte« Versionen professioneller Ausführungen darstellen. Für solche Anlagen trifft die Bezeichnung *elektronischer Kartenplotter* eigentlich gar nicht mehr zu. Abb. 44 gibt durch eine auf dem PC-Monitor dargestellte elektronische Karte mit zusätzlich eingeblendeter Bitmap eine Vorstellung von den Fähigkeiten aufwendiger Anlagen.

Generell kann man sagen, daß sich die Möglichkeiten zwischen einer relativ groben einfarbigen Darstellung der gefahrenen Kurse und der aktuellen GPS-Position auf dem LCD-Display eines Handgerätes und einer hochaufgelösten farbigen Repräsentation auf einem Notebook bewegen.

Da dieses Buch sich mit dem *praktischen* Einsatz von GPS beschäftigt, wollen wir uns mit diesem kurzen Blick auf das Angebot begnügen und jetzt den Praxiseinsatz eines Beispielsystems betrachten. Wir greifen die hier andiskutierten Fragen später noch einmal auf.

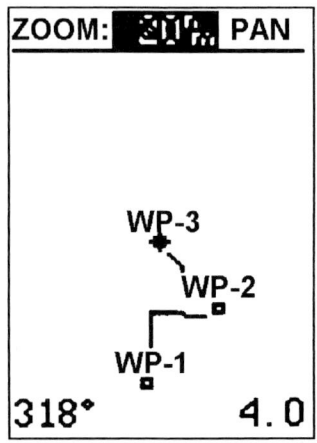

43 Der GPS38 als ganz einfacher Plotter.

NAVI SAILOR 540 von TRANSAS MARINE

Nostalgisches

Ich kann mich noch ganz gut erinnern an das »Ladies and gentlemen, please don't use your handy or your notebook during take off — thanks for your cooperation«. Nicht, daß ich meinen Rechner auf den Knien liegen gehabt hätte — das wäre in dieser fliegenden Sardinenbüchse, viel-

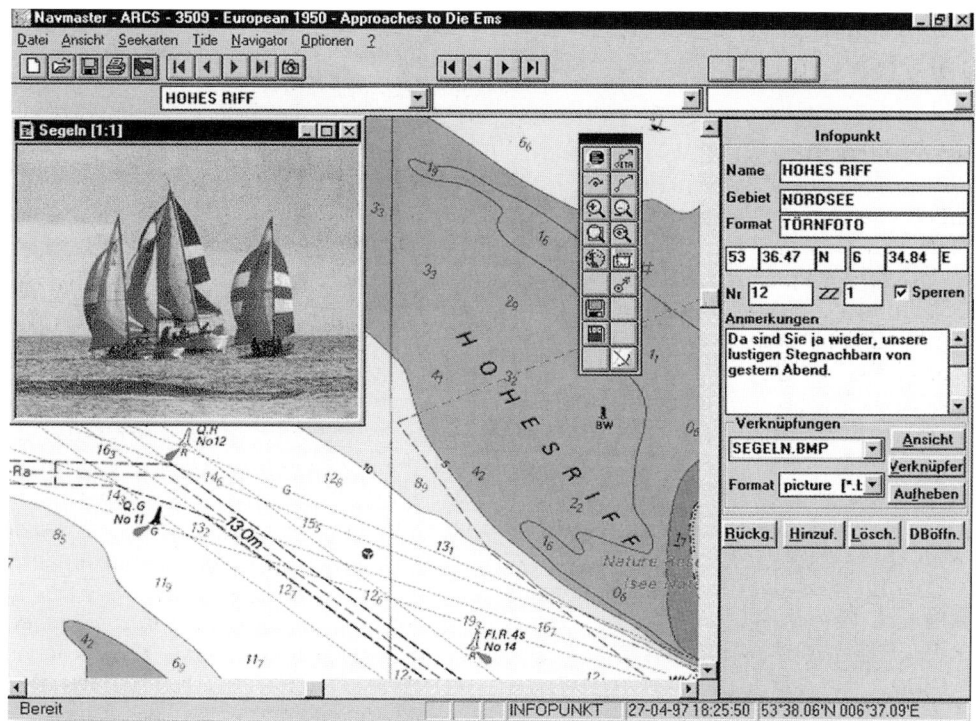

leicht noch in Kombination mit der Einnahme eines der Luxus-Plastikmenüs, sowieso schwierig gewesen. Es kamen mir aber doch Bedenken, ob es richtig war, soviel Technik mit in den Urlaub zu schleppen. Und dann, bei über 30°C und ganz schönem Seegang, an Bord mit einem Notebook...

Immerhin, der Computer hat die weite Reise nach Hawaii unbeschadet überstanden. Heute sind alle Probleme längst vergessen, und es ist ein ganz eigenes Gefühl, wenn man die alten Dateien lädt und dann, wenn auch nur am Schreibtisch, den Törn noch einmal nachfährt.

Doch nun zum System selbst.

44 Beispiel für die Darstellung einer elektronischen Karte. Zusätzlich wurde hier eine Bitmap (in dieser Form werden Grafiken häufig auf PCs gespeichert) eingeblendet (Delius Klasing).

Die grundsätzlichen Möglichkeiten

NAVI SAILOR 540 (NS 540) ist kein elektronischer Kartenplotter, sondern Software, die in Kombination mit einem Rechner und einem GPS-Empfänger erst zu einem elektronischen Kartenplotter wird. Eigentlich zu einem sehr leistungsfähigen Navigationssystem mit Plotfunktionen. Die Herstellerfirma TRANSAS MARINE besitzt auf dem *ECDIS*-Sektor *(Electronic Chart Display and Information System)* im professionellen Bereich eine führende Position, was natürlich für die Yacht-Versionen von Vorteil ist. Hier werden drei Softwarepakete angeboten, und zwar neben dem genannten *NS 540* noch die teureren *NS 750* und *Tsunamis*.

NS 540 läuft unter DOS mit VGA-Auflösung (640x480 Spalten/Zeilen bei 256 Farben). Wenn Sie einen kleinen Eindruck vom Aussehen des Monitorbildes bekommen wollen, blättern Sie schon einmal zur Tafel 5 auf Seite 40.

Im Normalfall (keine Einblendung von Hilfe, Routenplanung usw.) ist der Bildschirm in drei (logische) Felder geteilt. Neben dem links erscheinenden Kartenausschnitt rechts oben die aktuellen Informationen über Zeit, Position und so weiter, darunter das Menü.

Die vielen Möglichkeiten der Software können hier selbstverständlich auch nicht annähernd beschrieben werden. Etwas vereinfacht kann gesagt werden, daß bereits diese Einstiegsversion *im Prinzip* über die meisten Fähigkeiten der großen und teuren professionellen Verwandtschaft verfügt. So kann das Display unterschiedlichen Beleuchtungsverhältnissen angepaßt werden, in den Karten können zusätzliche Eintragungen gemacht werden, der Nutzer kann umfangreiche Sicherheits- und Alarmfunktionen einsetzen, die Software kann mit Sensorinformationen (GPS) navigieren oder alternativ koppeln und so fort. Das alles neben den zu erwartenden üblichen navigatorischen Funktionen.

Noch so viele Beschreibungen und Erörterungen ersetzen aber keine praktische Erprobung. Wir wollen uns daher jetzt dem Praxistest zuwenden.

Praxistest

Wir machen einen riesigen Sprung auf die andere Seite der Erde und befinden uns wieder vor der Küste von Maui. Unser Schoner hat Maalaea Harbor verlassen. Dem Monitorbild in Tafel 5 auf S. 40 entnehmen wir die folgenden Informationen (Schreibweise wie in der Farbtafel):

Zeit (GMT):	16:58:02
Datum:	27-08-96
Position nach GPS:	20° 46.18 N
	156° 30.55 W
Kurs über Grund (COG):	180.0°
Fahrt über Grund (SOG):	5.3 KT

GMT steht für Greenwich Mean Time, was wir hier mit UTC gleichsetzen können. Da das Schiff auf etwa 156° W steht, ist es auf Maui nach Zonenzeit 10 Stunden früher, also 06.58.02. Kurs über Grund und Fahrt über Grund wurden nach GPS bestimmt. Ganz oben in der rechten Ecke erkennen Sie die Buchstabenfolge GPS, die darauf hinweist, daß zur Zeit nach GPS navigiert wird.

Zur Route liefert die Abbildung die folgenden Aussagen (Schreibweise wie in Tafel 5):

Aktivierte Route:	Maalaea Harbor – Molokini
Aktiver Wegpunkt:	Wegpunkt 1, Molokini Island
Kurs:	174.4°
Cross Track Error (XTE):	0.02 NM >>>

Peilung Wegpunkt (BTW): 174.3°

Distanz Wegpunkt (DTW): 8.0 NM

Segelungsdauer (TTG): 1:30

ETA: 27-08, 18:28

Die Route besteht aus nur zwei Wegpunkten. Der erste Wegpunkt hat die auf unserer Abbildung kaum erkennbare Nummer 0, der zweite ist Molokini Island und hat die Nummer 1. Die Zeitangabe 16:50 bei Wegpunkt 0 bedeutet wieder UTC, also 06.50 Zonenzeit.

Wenn Sie das Symbol des Schiffes auf der Karte betrachten — die beiden konzentrischen Kreise — , dann sehen Sie, daß im Mittelpunkt ein Vektor mit Doppelpfeilspitze ansetzt. Offensichtlich charakterisiert dieser Vektor unsere augenblickliche Bewegungsrichtung und auch unsere Fahrt. Sie können sehen, daß der Pfeil nicht in Richtung der Kurslinie zeigt, sondern nach Steuerbordseite davon abweicht. Das stimmt überein mit den Angaben zu COG und und zu COURSE. Das Schiff steuert zur Zeit 180° über Grund, der Kurs zwischen den beiden Wegpunkten (COURSE) beträgt aber 174,4°. Von der aktuellen Position peilt Wegpunkt 1 174,3° (BTW: Bearing to Waypoint), seine aktuelle Distanz (DTW: distance to waypoint) beträgt 8,0 sm. Die drei nach rechts gerichteten Pfeilspitzen sagen aus, daß das Schiff nach Steuerbord versetzt ist.

Aus der augenblicklichen Fahrt über Grund resultiert bis zum Wegpunkt eine Segelungsdauer (TTG: Time to Go) von 1 Stunde 30 Minuten. Daraus folgt das angegebene ETA; Zeit wieder in UTC.

Bei NEW CRS (COURSE) würde der Kurs zum nächsten Wegpunkt angegeben werden. Da hier Molokini Island der letzte Wegpunkt ist, fehlt diese Angabe.

Sie haben sicherlich bemerkt, daß ich die Angaben oben rechts und ganz unten rechts in Tafel 5 unterschlagen habe. Der Grund war, daß wir das Kartenproblem gesondert besprechen wollten. CHART U19340 bedeutet, daß die US-Seekarte Nr. 19340 (HAWAII TO OAHU) in elektronischer Form geladen ist. Diese Karte hat einen Maßstab von 1:250 000 und darf hier für die Küstennavigation nicht verwendet werden. Leider gab es für dieses Seegebiet von TRANSAS MARINE aber nur diese Karte, so daß ich mich für diese Reise damit begnügen mußte. Damit wir in Farbtafel 4 die angesprochenen Punkte erkennen können, habe ich den Kartenausschnitt entsprechend gezoomt auf 1:100 000. Die Software erkennt das und kommentiert korrekt mit NOT RECM. SCALE: Maßstab nicht zu empfehlen (recommended). FIXED und 12.36 NM bedeuten feste Länge des Schiffsvektors und Kartenbreite etwa 12,36 sm.

Bleibt noch rechts oben: ADD IN. Hier würde eine Ausgabe erfolgen, wenn der Nutzer in die Karte eigene Angaben eingetragen hätte.

Abb. 45 zeigt das Display etwa acht Minuten später. Hier habe ich den Maßstab auf 1:60 000 eingestellt, was mir von der Software den berechtigten Hinweis DANGER. SCALE, gefährlicher (dangerous) Maßstab, einbringt, im Original übrigens rot hervorgehoben.

Wegen der starken Vergrößerung können Sie hier erkennen, daß das Schiff nach Backbordseite versetzt ist, wie die drei Pfeilspitzen neben 0.05 NM signalisieren.

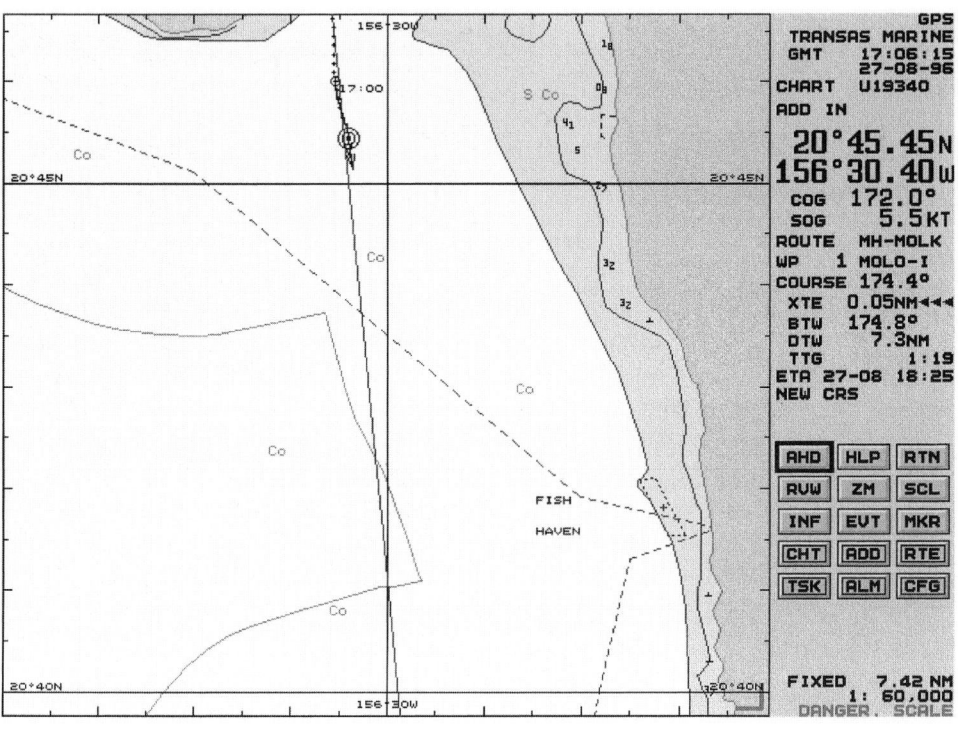

45 *Gegenüber Farbtafel 5 auf S. 40 wurde die Karte auf den Maßstab 1 : 60 000 gezoomt. Situation etwa acht Minuten später als in Farbtafel 5.*

Die Software bietet eine weitere interessante Möglichkeit, die in Abb. 45 erkennbar ist. Beachten Sie die kleinen Kreuze oberhalb (»hinter«) dem Eigenschiffssymbol. Sie stellen Zeitmarken auf der durchlaufenen Bahn (»Track«) dar. Diese *Vergangenheitsdarstellung* kann auf Wunsch in das Kartenbild eingeblendet werden.

In Abb. 46 ist ein Teil der Route Hana dargestellt. Sie beginnt etwa südöstlich von Molokini Island. Der nächste Wegpunkt ist WP 1. Vergleichen Sie dazu auch das Informationsfeld im rechten Teil der Abbildung 46. Von dort verläuft die Route weiter zu der ganz rechts im Kartenausschnitt erkennbaren Tonne. Das Schiff steht 0,7 sm (DTW 0.7 NM, Distance to Waypoint) vor dem aktiven Wegpunkt, den es in fünf Minuten (TTG 0:05, Time to Go) erreichen wird. Das ETA ist 21:18 GMT (Greenwich Mean Time), entsprechend 11.18 Hawaii-Zeit. Hier erscheint unter NEW CRS auch der Kurs zum nächsten Wegpunkt. Er ist 92.1°. Außerdem

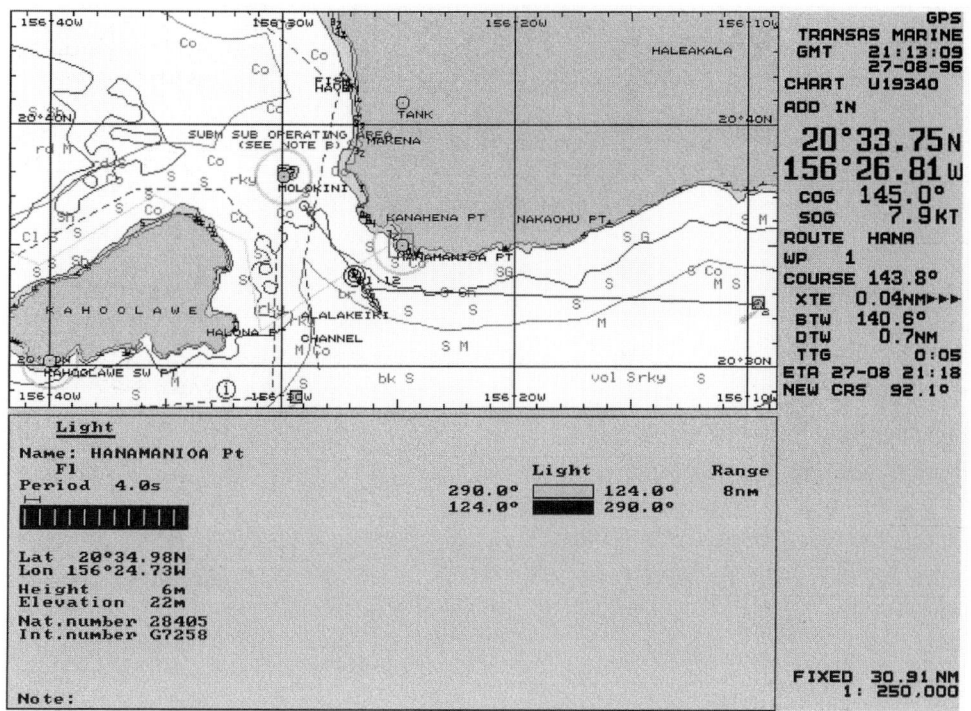

46 *Auf diesem Ausschnitt ist ein Teil der Route Hana zu sehen. Ferner ist die Informationsseite eingeblendet. Da das Suchfenster auf das Feuer Hanamanioa Pt. gesetzt wurde, werden detaillierte Informationen zu diesem Feuer ausgegeben.*

sehen Sie ganz unten rechts, daß hier der korrekte Kartenmaßstab mit 1:250 000 eingestellt worden ist. Wie zu erwarten, gibt die Software daher auch keine Warnmeldung aus.

Interessant an Abb. 46 ist aber noch etwas anderes. Über die Menütaste INF (Information; s. auch Tafel 5 auf S. 40 und Abb. 45) kann ein auf der Karte beliebig positionierbares Quadrat aktiviert werden. Dieses kann auf ein Feuer, eine Tiefenlinie oder auf irgendeinen Punkt des Seegebietes gesetzt werden. Hier ist es auf das Feuer Hanamanioa Pt. gesetzt worden. Daraufhin erscheint ein Informationsfeld, das detaillierte

Informationen zu diesem Feuer liefert. Es handelt sich um ein Blitzfeuer (Fl) mit 4 s Wiederkehr (Period). Unter der grafischen Veranschaulichung der Lichterscheinung sind die Position, Höhe über Erdboden, Feuerhöhe über Wasser, nationale und internationale Nummer angegeben. Rechts der sichtbare, der verdeckte Bereich und die Nenntragweite in Seemeilen. Fragt man Informationen zu einem beliebigen Punkt auf See ab, erscheinen solche zu der betreffenden Karte, im vorliegenden Fall also zur 19340.

Hier sind dann genaue Anmerkungen zu Herausgeber, Kartenmaßstab, Berichtigungsstand, Kartendatum, Tiefen (SOUNDINGS IN FATHOMS!) und so weiter zu finden.

Für wen und wann sind elektronische Kartenplotter sinnvoll?

Die Probleme in der Großschiffahrt

Wir bewegen uns hier auf einem sehr schwierigen Feld. Die Industrie hat in den vergangenen Jahren umfangreiche und auch schon weit fortgeschrittene ECDIS-Systeme entwickelt. Diese Anlagen wurden und werden bereits im Testbetrieb mit Sondergenehmigung auf Seeschiffen gefahren. Trotzdem handelt es sich dabei noch um »inoffizielle« Systeme. Der Grund ist, daß ausschließlich von privaten Anbietern bereitgestellte *Electronic Chart Systems (ECS)* eingesetzt werden, die nur in Verbindung mit Papierseekarten verwendet werden dürfen. Inzwischen hat sich die Situation aber gewandelt. So brachte das BSH Ende 1997 die erste, den IMO-Anforderungen genügende Karte heraus (eine Ostseekarte). Demnächst sollen Karten für alle in den Zuständigkeitsbereich des BSH fallenden Gebiete der Ostsee und einen Teil der Nordsee fertiggestellt sein. Trotzdem wird es noch

etliche Jahre dauern, bis ein weltweites Kartenwerk verfügbar ist. Bis dahin ist die Papierseekarte also unverzichtbar.

Überhaupt ist die Seekarte selbst, ihre Datenbasis und vor allem ihre Berichtigung der Dreh- und Angelpunkt aller ECDIS-Systeme, das weiß ich aus persönlicher Erfahrung mit Testsystemen. Hier gibt es trotz vorhandener Standards noch ganz erhebliche Schwierigkeiten.

Neben den zweifellos vorhandenen und auch nachvollziehbaren Akzeptanzproblemen bei den fahrenden Nautikern bestehen zusätzliche »Irritationen« durch das britische *ARCS (Admiralty Raster Chart Service)* und die dort verwendeten eingescannten Seekarten. Erwähnt werden muß auch noch, daß trotz der IMO-Festlegungen international keineswegs Einigkeit über die endgültige Realisierung von ECDIS herrscht.

Wir wollen wegen der Zielsetzung unseres Buches auf diese Dinge aber nicht näher eingehen. Trotz aller Vorbehalte und denkbarer zeitlicher Verschiebungen kann aber angenommen werden, daß sich ECDIS etablieren wird, wenn auch vielleicht nur in Teilen der Schiffahrt.

Die Probleme in der Sportschiffahrt

Zulassungsprobleme gibt es hier nicht. Das von uns betrachtete NS 540 verwendet sogenannte *vektorisierte Karten*. Daneben wird aber auch für die Sportschiffahrt Software für ARCS angeboten, beispielsweise das System NAVMASTER. Die Karte und ihre Berichtigung sind natürlich auch für die Sportschiffahrt grundsätzlich ein Problem. Eigentlich aber kein neues, wenn wir daran denken, daß (Papier-)Sportbootkarten nicht berichtigt werden.

Wegen dieser Schwierigkeiten weist beispielsweise die Software NS 540 bei jedem Programmstart darauf hin, daß für die Navigation allein die berichtigte offizielle Papierseekarte maßgebend ist.

Nach meiner Einschätzung gibt es aber gravierendere Schwierigkeiten. Da ist zum einen das Problem der Nordreferenz, der Kenntnis der rechtweisenden Nordrichtung also, mit dem ja schon das Radar auf Sportfahrzeugen zu kämpfen hat, wenn es anders als relativ voraus gefahren werden soll. Der Magnetkompaß bleibt trotz Fluxgate eine wesentliche Schwachstelle. Zuverlässige Verhältnisse kann nur ein Kreiselkompaß schaffen, und der kommt für Yachten gewöhnlich nicht in Betracht. Aber selbst in der Großschiffahrt bereitet der Kreiselkompaß im Zusammenhang mit ECDIS Schwierigkeiten.

Zum anderen liegen die Probleme bei der Rechner-Hardware und hier vor allem beim Display.

Schon Für ein Stand-alone-GPS gilt eigentlich, daß ich mit einem Handy zwar sehr flexibel und mobil bin, die von den Herstellern aber vor allem propagierten Eigenschaften nur sehr eingeschränkt nutzen kann. Bei der »Schönwettersegelei« mag das ja noch angehen. Wenn das Boot aber richtig zukehr geht und alles durcheinanderfliegt, kann ich den Winzling im Cockpit weder ruhig in der Hand halten noch auf dem Miniaturdisplay irgend etwas verfolgen.

Wer chartert, sollte daher ein Handgerät mit externer Antenne und Klemmvorrichtung wählen. Damit kommt man ganz gut zurecht. Am besten ist natürlich eine stationäre Anlage mit fest installierter Antenne und einer robusten Tochteranzeige im Cockpit.

Bei elektronischen Kartenplottern ist nach meiner Meinung die Auswahl auf eine einzige Alternative, die dann natürlich gar keine mehr ist, zusammengeschrumpft. Jedenfalls dann, wenn eine richtige Rechnerlösung und kein erweitertes Handgerät verwendet werden soll. *Es kommt nur eine stationäre Anlage in Betracht.* Ein Notebook kann noch viel weniger als ein GPS-Navigator aufgeklappt im Cockpit bedient werden. Man kann das gute Stück auch kaum am Kartentisch »festlaschen«. Dazu kommt, daß Notebooks zwar wohl etwas robuster sind als Desktop-PCs, den Betrieb auf See aber nicht beliebig lange mitmachen.

Mein eigenes Notebook richtet sich bislang nicht nach diesen Aussagen. Trotz verschiedener Seereisen funktioniert es erstaunlicherweise noch immer. Trotzdem empfehle ich Ihnen eine spezielle Ausführung, wenn Sie denn so etwas überhaupt machen wollen. Es gibt seit einiger

47 *Outdoor-Notebook LOGIN Rocky (Elna).*

Zeit, selbstverständlich nicht ganz billig, sogenannte *Outdoor-Notebooks,* die ganz speziell für rauhe Umgebungsbedingungen ausgelegt sind (Abb. 47).

Und nun das Hauptproblem. Aus der blendenden Pazifiksonne runter unter Deck, Sonnenbrille abgesetzt, Helligkeit und Kontrast auf Maximum. Trotz des teuren TFT-Displays ist nichts zu sehen! Die Augen müssen sich erst anpassen an das gedämpfte Licht.

Und dann fahren Sie mal bei bewegter See mit dem Trackball den Zeiger an eine bestimmte Stelle des Displays. Noch bevor Sie eine Taste gedrückt haben, holt das Boot just in dem Moment so schön über, daß alles einmal wieder so richtig klar ist.

Nun, es gibt natürlich zumindest andere *Displays.* Zwar sind für uns Monitore mit 21" oder gar 29" (21 oder 29 Zoll Bildschirmdiagonale), wie sie in der Großschifffahrt getestet werden, absolut utopisch. Aber auch 14"-LCD-Displays mit effektiv mindestens 15" Diagonale sind noch sehr teuer. Und das leidige Trackball- oder Mausproblem bleibt bestehen. Natürlich kann man alternativ auch mit Tastensteuerung arbeiten.

Es bleibt aber festzuhalten, daß ich auf einem Sportfahrzeug nicht in einem bequemen, ergonomisch einstellbaren Sessel sitze, vor mir das riesige ECDIS-Display mit überlagertem Radarbild, bequem erreichbar UKW-Telefon und Fahrhebel, und das alles bei 240° Blickwinkel durch die Brückenfenster.

Also alles der berühmte nicht mehr ganz heiße Kaffee? Unsere Ausgangsfrage, für wen und wann denn nun Kartenplotter in Frage kommen, sollten wir jetzt aber beantworten können.

Fazit

Wie schon angemerkt, werden sich diese Anlagen in den kommenden Jahren in der Großschiffahrt wohl einführen. Auf großen Motoryachten und auch auf größeren Seglern, wo es keine Energieversorgungsprobleme gibt, sind die Systeme sicherlich auch lauffähig und einsetzbar.

In allen anderen Fällen stellen sie zumindest ein hervorragendes Planungswerkzeug dar. Ich meine, daß sie auch sehr gut im Aus- und Weiterbildungsbereich eingesetzt werden können, vermitteln sie doch durch spielerische Betätigung ein Gefühl für die Möglichkeiten der modernen Navigation und den aktuellen *state-of-the-art.*

Differential GPS (DGPS)*
Wie genau ist GPS?

Vermutlich fällt Ihnen zum Begriff *DGPS* als erstes die hohe *Genauigkeit* dieses speziellen GPS-Verfahrens ein. Die Genauigkeit ist nun tatsächlich *der* zentrale Punkt von DGPS. Wenn wir uns darüber im folgenden etwas unterhalten wollen, dann müssen wir notgedrungen die *Praxis* im Titel unseres Buches für einen Augenblick etwas großzügiger interpretieren. Da *DGPS,* wie gerade festgestellt, eine Variante von *GPS* ist, hier zunächst stichwortartig zusammengestellt die »facts« zur Genauigkeit von *GPS:*
● Die GPS-Genauigkeit beträgt für den *autorisierten (in der Regel militärischen) Nutzer* etwa 10 bis 15 m. Das bedeutet, daß der Beobachter sich mit 95% Wahr-

---

* Einzelheiten und allgemeine Background-Informationen zu DGPS können Sie in Band 102 der Yacht-Bücherei »GPS – Global Positioning System« nachlesen.

scheinlichkeit in einem Kreis befindet, dessen Radius 10 bis 15 m beträgt. Anders formuliert: Von 100 Positionen liegen 95 innerhalb, 5 außerhalb dieses Kreises. Fünf Orte haben demnach eine geringere Genauigkeit.

● Für den *nicht autorisierten (zivilen) Nutzer* beträgt die *Systemgenauigkeit* 100 m. Die in der Praxis real erzielbare Genauigkeit kann geringer sein*, da sie zusätzlich abhängt von der Qualität des GPS-Navigators, den Empfangsbedingungen usw., auf die der Betreiber keinen Einfluß hat.

● Am 29. März 1996 wurde von den USA *(Office of Science and Technology Policy, National Security Council)* eine die zukünftige Genauigkeit von GPS betreffende Erklärung veröffentlicht. Danach werden die USA, beginnend mit dem Jahr 2000, jährlich überprüfen, ob die künstliche Verschlechterung der Genauigkeit weiterhin im nationalen Sicherheitsinteresse der Vereinigten Staaten liegt.

● Es ist also denkbar, daß irgendwann ab 2000 auch dem zivilen Anwender eine höhere Genauigkeit zur Verfügung steht. Wesentlich ist aber, daß auch dann diese Genauigkeit *nicht die der militärischen Empfänger sein wird,* da diese andere Signale der GPS-Satelliten auswerten können als die zivilen Geräte. Zu rechnen ist dann mit einer Genauigkeit (Radius des Fehlerkreises bei 95% Wahrscheinlichkeit) von etwa 30 bis 50 m.

---

* *Selbstverständlich kann der Positionsfehler zeitweise auch nur 1 m betragen. Die Formulierung »mit 95% Wahrscheinlichkeit in einem Kreis mit... « sagt ja nichts darüber aus, wo innerhalb dieses Kreises das Schiff steht.*

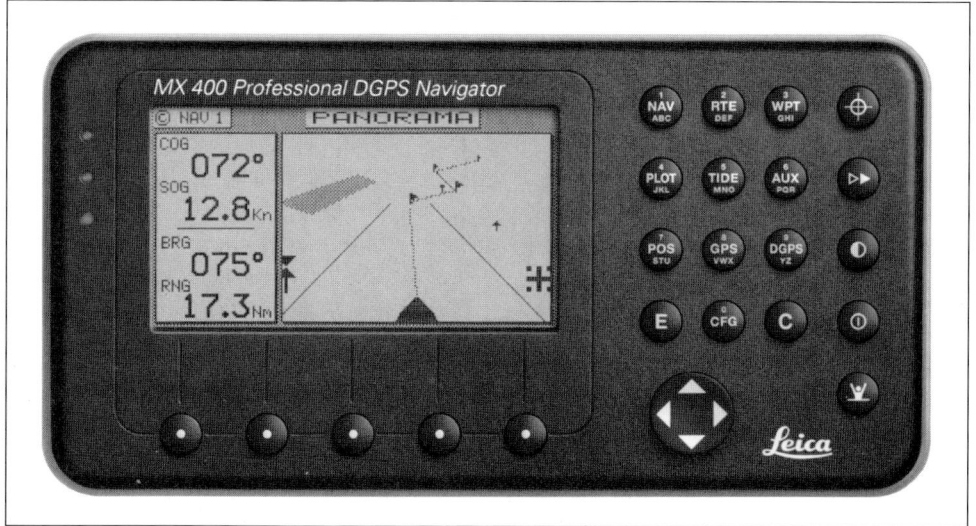

48 *Kombinierter GPS/DGPS–Empfänger MX 400 von Leica (Elna).*

Was ist für den Einsatz von DGPS erforderlich?

Gerade eben haben wir überlegt, was uns zu DGPS als erstes einfällt. Wir hätten hinzufügen können: Mit unserem (Standard-)-GPS-Navigator können wir dieses Verfahren nicht nutzen. Was also ist zusätzlich erforderlich?

DGPS wertet Korrektursignale aus, die von speziellen Sendern (Referenzstationen) abgestrahlt werden. Um diese Signale empfangen zu können, benötigen wir neben dem GPS-Navigator einen besonderen Empfänger und eine zusätzliche Antenne. Bei modernen Anlagen ist der Empfänger für die Korrektursignale in den GPS-Empfänger integriert, und es ist nur noch eine einzige Antenne vorhanden. Abb. 48 zeigt einen solchen Empfänger.

Auch unser preisgünstiges Testgerät kann sich in DGPS-Höhen schwingen. Da es zu den etwas schlichteren Anlagen gehört, muß es zu diesem Zweck mit einem Empfänger für die Korrektursignale verbunden werden, der seinerseits diese Signale über eine Zusatzantenne empfängt.

49 GPS/DGPS-System im Test auf der Weser. Die GPS-Antenne im Cockpit läßt sich weder durch den fliegenden Aufbau noch durch Krängung oder Abschattung beeindrucken (Garmin GPS75).

DGPS-Praxis

Was muß bei der Installation von Empfänger und Antenne beachtet werden?

Jetzt aber zur eigentlichen Praxis. Wenn erste Erfahrungen gesammelt werden sollen, dann kann man eine DGPS-Anlage noch in einer Art »fliegendem Aufbau« betreiben (Abb. 49), was natürlich bei den schon erwähnten modernen Anlagen mit integriertem Korrekturdaten-Empfänger und einer einzigen Antenne einfacher ist als bei der konventionellen Lösung mit zwei Empfängern und auch zwei Antennen. Als endgültige Lösung kommt aber nur eine stationäre Anlage in Betracht. Denn im Gegensatz zu reinen GPS-Navigatoren gibt es — zur Zeit — noch keine Handy-Version von DGPS.

Bei der endgültigen Installation auf dem Boot ist aber noch einiges zu beachten. Es geht vor allem um die Antenneninstallation. Muß eine Zusatzantenne für den Empfang der Korrektursignale gefahren werden, dann sollte sie nach Möglichkeit »Rundumsicht« haben. Allerdings ist das nicht ganz so kritisch wie bei der GPS-Antenne, wo es bekanntlich zu Abschattungen kommen kann. Wichtig ist, daß sie mindestens einen Meter weit von anderen Antennen entfernt ist. Vor allem ist die Nähe von Antennen zu meiden, die nicht nur empfangen, sondern auch senden (Radar, Inmarsat).

Da die Korrekturdaten im Mittelwellenbereich ausgesendet werden (um 300 kHz), ist eine gute Erdung (Verbindung mit dem Wasser) sehr wesentlich. Anderenfalls sind die Signale zu schwach. Weiterhin ist darauf zu achten, daß sowohl der Empfänger für die Korrekturdaten als auch die zugehörige Antenne keine hochfrequenten Störsignale auffangen können. Solche Störungen können von den unterschiedlichsten Quellen stammen, beispielsweise von Zündfunken (heute nur noch in Ottomotoren von Außenbordern) oder aber vom Generatorregler. Das gleiche gilt für DGPS-Systeme mit *einem* Empfänger und einer einzigen Antenne.

Zu dieser ganzen Problematik gibt es keine Patentrezepte (Erdung auf GFK-Booten!). Mit hoher Wahrscheinlichkeit haben Sie auf diesem Sektor schon unangenehme Erfahrungen machen müssen. Beachten Sie vor allem auch die Hinweise des Geräteherstellers im Handbuch der jeweiligen Anlage.

Kenndaten von DGPS-Sendern

Da wir den Sender Helgoland für unsere DGPS-Forschungen einsetzen wollen, werfen wir zweckmäßigerweise erst einmal einen Blick auf dessen Kenndaten. Wir finden sie beispielsweise im Nautischen Funkdienst Band II im Abschnitt B, Seefunkfeuer (s. Abb. unten).

Die Kenndaten sind nicht näher erläutert. Da aber gerade hier bei vielen Anwendern große Schwierigkeiten auftauchen, sollen die Angaben kurz interpretiert werden, auch wenn das etwas mühsam wird.

● Frequenz: 313 kHz G1D
  Übertragung: MSK

Die Korrekturdaten werden auf der Frequenz 313 kHz abgestrahlt. Dabei werden die Daten der Funkwelle in einer ganz bestimmten Form »aufgeprägt« (Modulationsart G1D mit Minimum Shift Keying = MSK).

2006 K   Helgoland   54° 11,2' N 007° 54,4' E
Übertragung von Korrekturwerten für das Satellitennavigationssystem NAVSTAR GPS versuchsweise eingerichtet.
F r e q u e n z : 313 kHz G 1 D   R e i c h w e i t e : 70 sm
Übertragung: MSK, Format RTCM SC-104, Ver 2,0, Messagetype 9, 3, 7, 16;
200 bits/s
Während des Probebetriebes ist mit Unregelmäßigkeiten, Ungenauigkeiten und Ausfällen zu rechnen.

Für den Anwender ist von diesen Angaben nur die Sendefrequenz von Bedeutung.

● Reichweite: 70 sm
In dieser Entfernung ist auch bei ungünstigen Ausbreitungsverhältnissen ein Empfang der Funkwellen noch mit fast 100% Wahrscheinlichkeit möglich. Technisch genauer für Spezialisten: In dieser Entfernung beträgt die Feldstärke 50 µV/m.

● Format *RTCM* SC-104, Ver 2,0
Die Abkürzung RTCM leitet sich her von *Radio Technical Commission for Maritime Service.* Diese *Commission* gründete schon 1983 das *Special Committee 104,* das sich mit DGPS befaßte und als Ergebnis seiner Arbeit eine Empfehlung (die Version 1,0) vorlegte. Heute wird die Version 2,0 verwendet. Es handelt sich dabei, stark vereinfacht, um die Art und Weise (Format), in der die gesendeten Daten in der übertragenen Korrekturnachricht angeordnet sind, und darum, welche weiteren Informationen, neben den eigentlichen Korrekturwerten, übertragen werden. Für den Nutzer ist wichtig zu wissen, welche Version der Sender verwendet und ob sein Empfänger diese Version unterstützt. Das gilt vor allem für später zu erwartende Änderungen und Erweiterungen.

● Messagetype 9*, 3, 7, 16
Damit unsere Betrachtungen nicht zu einem Spezialexkurs werden, müssen wir auch hier ganz stark vereinfachen. Die vom Sender abgestrahlte Welle enthält als wesentliche Information aufeinanderfolgende Nachrichten *(messages)*. Diese durchnummerierten Messages haben jeweils einen ganz bestimmten Inhalt. So enthält Messagetype 9 die DGPS-Korrekturwerte, Messagetype 3 enthält Informationen über die Referenzstation, Messagetype 7 Daten über mehrere DGPS-Stationen einer Region, Messagetype 16 schließlich Warnungen bei irgendwelchen Problemen der DGPS-Station.

● 200 bits/s
Das ist die Datenrate in bit je Sekunde, mit der die Informationen gesendet werden. Hier haben wir wieder eine Größe, die der Anwender bei seinem Gerät einstellen muß. Ganz schön kompliziert? Das ist sicherlich richtig. Trotzdem reduziert sich das, was der Anwender nachher tatsächlich benötigt, auf einige wenige Werte. Probleme liegen zur Zeit vor allem noch bei den verwendeten Messagetypes. Und hier insbesondere bei Messagetype 16. Es geht vor allem um das sogenannte *integrity monitoring*, eine Methode, mit der Fehlfunktionen einer DGPS-Station erkannt und schnellstmöglich dem Anwender mitgeteilt werden können.
Aufwendigere DGPS-Navigatoren sind in der Lage, nicht nur die Messagetypes 9 und 3, sondern auch die Messagetypes 7 und 16 (und weitere, hier nicht besprochene) zu nutzen. Neben dem Anzeigen einer Warnung ist dann beispielsweise mit Unterstützung von Messagetype 7 auch ein Umschalten von einer DGPS-Station zur nächsten möglich.
Nach diesem trockenen, aber doch wesentlichen Exkurs fahren wir nun aber tatsächlich zu unserem Boot und zu unserer Testanlage.

---

* Der ursprünglich verwendete Messagetype 1 wurde im Mai 1997 durch den günstigeren Messagetype 9 ersetzt.

```
        MENU
─────────────────────────
NEAREST  WPTS
WAYPOINT  LIST
WAYPOINT
─────────────────────────
ROUTES
─────────────────────────
DIST  AND  SUN
─────────────────────────
MESSAGES
─────────────────────────
SYSTEM  SETUP
NAV  SETUP
MAP  SETUP
TRACK  LOG
INTERFACE
```

```
      INTERFACE
─────────────────────────
RTCM/NMEA
NMEA 0183 2.0
4800 baud
─────────────────────────
BEACON RECVR
FREQ : 313.0KHz
RATE :    200bps
DIST       66 n/m
SNR        30dB
Receiving
```

50 *Hauptmenü des GPS38. Markiert ist der Menüpunkt INTERFACE (Schnittstelle). Damit gelangt man zur Interface-Seite.*

51 *Interface-Seite des GPS38 mit Einstellungen und Ausgaben für Helgoland.*

Praxistest

Unser Boot liegt in Bremen auf der Lesum, einem kleinen Nebenfluß der Weser. Die uns ja schon vertraute Testanlage wurde durch Anschluß eines Empfängers für die Korrektursignale und eine entsprechende Antenne zum DGPS-System umfunktioniert. Außerdem ist ein Notebook angeschlossen, mit dem wir die erhofften DGPS-Orte abspeichern können. Ein Foto mit dem Ergebnis meiner Bemühungen zeige ich Ihnen aber lieber nicht, denn sonst würden Sie wahrscheinlich den im Abschnitt über Empfänger- und Antennen-Installation gemachten Ratschlägen noch weniger trauen.

Außerdem muß ich gestehen, daß ich auf die vielen schönen Kenndaten des letzten Abschnittes nur einen ziemlich flüchtigen Blick geworfen hatte. Wie das in der Praxis eben so ist — erst mal probieren. Also alles einschalten und warten, was sich tut. Es tut sich tatsächlich etwas. Nur nicht das, was ich erwartet habe. Auf dem Display erscheint die wenig ermunternde Nachricht: NO *STATUS* und anschließend: NO *RTCM Input*. Irgend etwas war falsch. Also nochmals die Bedienungsanleitung und die Kenndaten studieren!

Hier machen wir natürlich alles viel besser, und außerdem funktioniert in einem Buch sowieso alles immer auf Anhieb, da wir uns nicht mit irgendwelchen klemmenden BNC-Steckern und anderen Widerwärtigkeiten der Realität herumschlagen müssen. Wir können in aller Ruhe und ganz systematisch vorgehen.

Wir blättern zunächst zur Seite mit dem Hauptmenü (Abb. 50) und gelangen von dort über den Menüpunkt INTERFACE (Schnittstelle) zur INTERFACE-Seite

(Abb. 51), in der die erforderlichen Werte bereits eingetragen sind. Das Gerät arbeitet im DGPS-Mode.

Sie erkennen, daß das Display zweigeteilt ist. Im oberen Teil erscheinen Angaben zur eigentlichen Schnittstelle, unterhalb des Trennstriches Angaben zum Empfänger für die Korrektursignale. Dieser Empfänger ist ein sogenannter *Bakenempfänger*, englisch *Beacon Receiver,* in der Abbildung abgekürzt mit BEACON RECVR. Wir betrachten zuerst die Schnittstellen-Werte, dann die Angaben zum Bakenempfänger.

Wie wir ja schon wissen, können über die GPS-Schnittstelle Daten eingelesen und ausgelesen werden (INPUT/OUTPUT). In unserem Beispiel ist die Schnittstelle so eingestellt, daß die Korrekturdaten (RTCM!) eingelesen (INPUT) und Informationen im NMEA-Format 0183, Version 2.0, ausgegeben werden (OUTPUT). Die Ausgaben speichern wir auf unserem Notebook. Bei allen GPS-Navigatoren kann die Schnittstelle unterschiedlich konfiguriert (eingestellt) werden. Sollen beispielsweise Daten weder eingelesen noch ausgegeben werden, muß das Interface bei unserem Testgerät auf NONE/NONE gesetzt werden. Wenn Sie im DGPS-Betrieb keine Daten ausgeben wollen, müssen Sie die Schnittstelle Ihres Gerätes so einstellen, daß nur die Korrekturdaten eingelesen werden und keine Ausgabe über das Interface erfolgt.

Die Angabe 4800 baud (beim Testgerät mit *kleinem* Anfangsbuchstaben) bedeutet, daß die Daten mit einer bestimmten Geschwindigkeit* über die Schnittstelle transportiert werden.

Da wir mit den Korrektursignalen des Senders Helgoland arbeiten wollen, geben wir

bei FREQ (Frequenz) 313.0 ein und bei RATE (Datenrate) 200. Die Angabe bps hinter der 200 bedeutet bits per second. Nach der Eingabe dieser Werte zeigt der Navigator zunächst in der untersten Zeile *Tuning* (Abstimmung), der Bakenempfänger führt also eine Abstimmung durch. Die Felder hinter DIST und SNR (besprechen wir gleich) bleiben zunächst leer. Nach etwa einer halben Minute wird Tuning durch das in Abb. 51 zu sehende Receiving (Empfang) ersetzt. Gleichzeitig erscheinen hinter DIST und SNR die Zahlen 66 und 30.

DIST bedeutet Distance (Abstand, Entfernung), 66 nm (nautical miles) ist die Distanz zwischen dem Sender Helgoland und der Position des Bootes. Wie wir besprochen haben, werden zusammen mit den Korrekturdaten mit messagetype 3 auch Informationen über den Sender übertragen. Unter anderem werden Breite und Länge übermittelt. Damit kann der Empfänger aus Senderposition und Empfängerposition die Entfernung berechnen. Mit 66 sm liegt das Boot noch gut unter der mit 70 sm angegebenen Reichweite.

SNR** ist ein Wert, mit dem im Prinzip angegeben wird, um wieviel stärker das ge-

---

Für Spezialisten: 1 Baud ist eigentlich die Maßeinheit für die Übertragungsgeschwindigkeit analoger Datentransfer-Systeme, z. B. von Modems. Die heute übliche Maßeinheit Baudrate wird in bit/s angegeben.
**Für Interessenten: SNR bedeutet Signal to Noise Ratio. Das Signal-Störverhältnis wird in der Nachrichtentechnik logarithmisch in Dezibel (dB) angegeben. Je größer der Wert, desto günstiger sind die Empfangsbedingungen.*

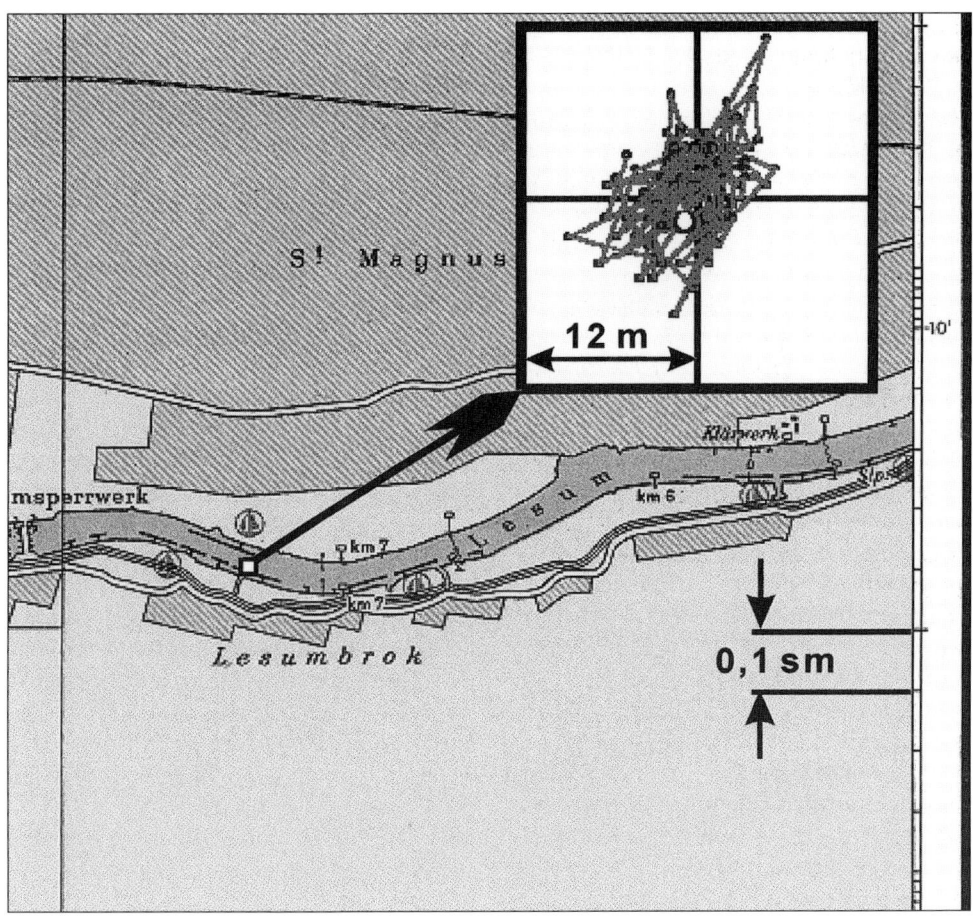

52 DGPS-Positionen in »Wollknäuel-Darstellung« für eine feste Position auf der Lesum, einem Nebenfluß der Weser.

wünschte Empfangssignal im Vergleich zu den Störungen ist. Da die Ausbreitungsbedingungen schwanken, ändert sich auch der angezeigte Wert. Im vorliegenden Fall bewegten sich die Anzeigen zwischen 27 und 31. Die beiden zuletzt besprochenen Angaben ermöglichen demnach eine Abschätzung der Empfangsqualität.

Schließlich wurden die gespeicherten DGPS-Positionen zu Hause ausgewertet.

Von den vielen Positionen habe ich Ihnen in Abbildung 52 eine Auswahl von etwa 100 Orten dargestellt. Im vergrößertem Ausschnitt ist der Schnittpunkt des waagerechten Breitenparallels und des senkrechten Meridians der wahre, geodätisch bestimmte Ort. Der kleine Kreis links unterhalb des wahren Ortes ist der sich aus den 100 Positionen ergebende mittlere Ort, der etwas vom wahren Ort abweicht. Die zum Teil erkennbaren kleinen Quadrate sind jeweils DGPS-Orte. Der Plot verwendet die Ihnen sicherlich bekannte Wollknäuel-Darstellung, bei der der Computer zeitlich aufeinanderfolgende Orte durch Geraden miteinander verbindet. Wie Sie feststellen können, beträgt der Fehler der meisten DGPS-Orte etwa 5 bis 6 m oder weniger. Unsere Ergebnisse bewegen sich also etwa in dem vom Seezeichenversuchsfeld genannten Genauigkeitsrahmen von 3 bis 5 m.

Fazit

Welche Schlußfolgerungen können wir nun für die Praxis ziehen? Natürlich ist das eben diskutierte Beispiel nicht das einzige, das wir untersucht haben. Aus all diesen Messungen ergeben sich aber keine grundsätzlich neuen Erkenntnisse. Solange sich das Boot im Bedeckungsbereich eines DGPS-Senders befand, konnte mit DGPS gefahren werden. Die Navigation funktionierte auch noch, wenn auch mit etwas geringerer Genauigkeit, in wesentlich größeren als den bei den jeweiligen Sendern angegebenen Distanzen. Manchmal, aber ziemlich selten, schaltete das System auf normale GPS-Navigation zurück. Dann, wenn wegen ungünstiger Empfangsbedingungen die Korrektursignale nicht mehr in ausreichender Anzahl oder Stärke empfangen wurden. Bitte beachten Sie auch, daß DGPS bei der bis-

herigen Technik nur in ausgewählten Gebieten genutzt werden kann, nicht jedoch etwa weltweit.

Die zentrale Frage ist aber eine ganz andere, nämlich: Wer braucht diese Genauigkeit? Ich behaupte mal: eigentlich nur die Spezialschiffahrt oder Schiffe mit ECDIS. Dort hat sich DGPS inzwischen auch etabliert, vom Lotsenversetzfahrzeug über den Wasserschutz bis zur Fähre. Wenn die Kurslinie in einer elektronischen Revierkarte nicht zeitweise an Land verlaufen soll, braucht man eben DGPS-Genauigkeit. Aber auch solche Schiffe fahren natürlich auf dem Revier nicht etwa mit DGPS zur See. Vielmehr wird ganz konventionell nach Tonnen oder Feuern und mit Radar navigiert.

Daß in der Großschiffahrt heute in zunehmendem Maße DGPS-Anlagen gefahren werden, liegt auch daran, daß die Preisdifferenzen zwischen (zugelassenen) Standard-GPS- und DGPS-Geräten nicht mehr allzu groß sind.

Und in der Sportschiffahrt?

Vermutlich werden in einigen Jahren DGPS-Anlagen auch bei uns so preisgünstig sein, daß man als stationäre Anlage gleich ein solches System kaufen wird. Es bleibt aber doch in den allermeisten Fällen, wenn wir ehrlich sind, eine nette Spielerei. Mit einer Ausnahme: Auf größeren Yachten kann der Einsatz von elektronischen Kartenplottern durchaus sinnvoll sein. Vorrausgesetzt allerdings eine zuverlässige Nordreferenz, und damit sieht es auf Sportbooten nicht besonders gut aus, wie wir schon auf S. 68 bei den elektronischen Kartenplottern besprochen haben.

Zum Abschluß eine Anmerkung

Lassen Sie sich durch die hohe Genauigkeit von GPS oder DGPS nicht dazu verleiten, die Regeln guter Seemannschaft zu ignorieren. Die besagen in unserem Fall, daß man niemals mit nur einem Navigationsverfahren zur See fährt. Wenn nichts anderes verfügbar ist, kontrollieren wir die GPS-Navigation zumindest durch Koppeln.

Und noch eines ist wichtig, wenn auch nicht in unseren heimischen Gewässern, so doch in exotischeren Gebieten: Das Gradnetz kann in bezug auf Landmassen, Korallenriffe und so weiter verschoben sein. In solchen Fällen *muß immer relativ navigiert werden, das heißt optisch oder mit Radar mit Peilungen und Abständen, nicht nach Breite und Länge!* Das ist besonders wichtig in Gebieten, wo noch nicht einmal mehr die Vermessungsgrundlagen bekannt sind und Neuvermessungen aus Kostengründen noch immer auf sich warten lassen.

Wo finde ich aktuelle Informationen zu GPS?

Zur Praxis der GPS-Navigation gehört auch, daß wir wissen, wo und wie wir uns über aktuelle Entwicklungen im Zusammenhang mit der Satellitennavigation kundig machen können.

Natürlich, wann immer wir es einrichten können, besuchen wir die für uns als Segler wichtigen Messen. Auch eine gut unterrichtete Zeitschrift kann uns Hilfestellung geben. Trotzdem: Auf einer Messe finden wir vielleicht doch nicht den Ansprechpartner,

der uns etwas speziellere Fragen beantworten kann, und der Fachredakteur einer Zeitschrift ist möglicherweise nicht erreichbar oder kann uns auch nicht weiterhelfen.

GPS im Internet

Der Schlüssel zur Lösung des Problems ist oder könnte das *Internet* sein.

Auch wenn Sie Ihren heimischen PC nur als etwas fortgeschrittenere Schreibmaschine verwenden: Dieser magische Begriff ist Ihnen gewiß schon einmal begegnet. Zumindest dann, als Sie wieder einmal eine der zahllosen Werbesendungen aus dem Briefkasten dem verdienten Recycling zugeführt haben.

Möglicherweise sind Sie aber auch ganz fortschrittlich, haben Ihre ersten Erfahrungen schon 1995 in einem Internet-Café gesammelt, und das *Surfen* im Netz ist ein alter Hut für Sie.

Oder aber Sie haben nach anfänglicher Euphorie die ganze Sache schon längst wieder vergessen.

Was also *ist* das Internet und *was ist dran* am Internet?

Kleines Internet-ABC*

Mühelos könnte man den zahllosen Büchern über das Thema Internet noch ein weiteres hinzufügen. Das kann hier natürlich nicht unser Ziel sein. Vielmehr beschränken wir uns auf einige wenige Hinweise für den prinzipiellen Praxiseinstieg.

---

* Einige wichtige Begriffe zum Internet finden Sie auf S.88 unter »Internet-Chinesisch«.

Zunächst einmal: Das Internet (Insider sagen: *das Netz)* ist der weltgrößte Rechnerverbund. Dabei sind die einzelnen Computer, ähnlich wie die Knoten in einem Spinnennetz, über *Datenleitungen* miteinander verbunden; sie bilden ein Netzwerk.

Während dieses Netzwerk ursprünglich fast ausschließlich von Universitätsrechnern gebildet wurde, gehören inzwischen zahllose weitere Rechner dazu, von Forschungseinrichtungen, öffentlichen Institutionen, Firmen und auch von Privatleuten.

Auf diesen Systemen ist nun eine nicht mehr überschaubare gigantische Datenfülle verfügbar, die prinzipiell jederzeit von jedem Ort der Erde aus abgerufen werden kann. Die Frage ist aber: Wie kommt man an die Daten heran?

Natürlich brauchen wir einen PC. Aber damit allein kommen wir nicht so ohne weiteres zum Ziel. Erforderlich ist zusätzlich eine Art *Vermittler*, den wir von unserem PC aus erreichen können und der seinerseits über entsprechende Datenleitungen die Verbindung zum Netz herstellt. Dieser Vermittler kann ein sogenannter *Internetprovider* sein, der diese Dienstleistung gegen Bezahlung anbietet. Für die nur gelegentliche Nutzung des Internets ist aber der Zugang über einen *Online-Dienst* günstiger.

In Deutschland sind vier Anbieter vertreten, und zwar *America Online (AOL), Compuserve (CS), germany.net und Telekom Online (T Online)*. Für eine Grundgebühr um die 10 bis 15 DM pro Monat können Sie sich in der Regel einige Stunden im Internet tummeln (bei *germany.net* keine Grundgebühr). Jede weitere Stunde muß zusätzlich bezahlt werden. Dazu kommen die normalen Telefongebühren. Im einzelnen sind die Tarifstrukturen der Online-Dienste sehr unterschiedlich. Auch einige große Kaufhäuser haben die Zeichen der Zeit erkannt und bieten in ihren Computer-Abteilungen für etwa 10 DM pro Stunde Surfen im Internet an.

Wenn Sie einen Online-Dienst nutzen wollen, dann schauen Sie am einfachsten in eine der gängigen Computer-Zeitschriften. Dort finden Sie im Werbeteil Telefon- und Faxnummer der Dienste. Wenn Sie Mitglied werden wollen, schickt Ihnen der Online-Anbieter kostenlos die erforderliche Software für Ihren PC zu.

Die ersehnten GPS-Informationen gelangen über das Telefonnetz in unseren Computer. Damit das funktioniert, müssen wir zwischen den Rechner und die Telefonsteckdose noch ein sogenanntes *Modem* schalten. Dieses wandelt die digitalen Daten des Computers in analoge für die Telefonleitung und umgekehrt die ankommenden analogen Daten wieder in digitale (Abb. 53). Ein solches Modem ist für etwa 100 bis 200 DM zu haben.

Es gibt neben den *externen Modems* auch solche, die als Steckkarte, also als *internes Modem*, im Computer arbeiten.

Ganz im Trend liegen Sie dann, wenn Sie sich einen ISDN-Anschluß *(Integrated Services Digital Network)* legen lassen haben. Mit dieser Technik können Daten wesentlich schneller übertragen werden. Zumindest gilt das theoretisch. Da irgendwo auf dem Weg von der Datenquelle bis zu uns ins Haus ein langsames Zwischenglied als Flaschenhals wirken kann, hapert es damit in der Praxis allerdings manchmal noch ziemlich.

Wir können hier nicht auf Einzelheiten zu ISDN eingehen. ISDN wird sich in Zukunft sicherlich durchsetzen. Zur Zeit (1998) ist aber die konventionelle Modem-Lösung für den Durchschnittsnutzer günstiger.

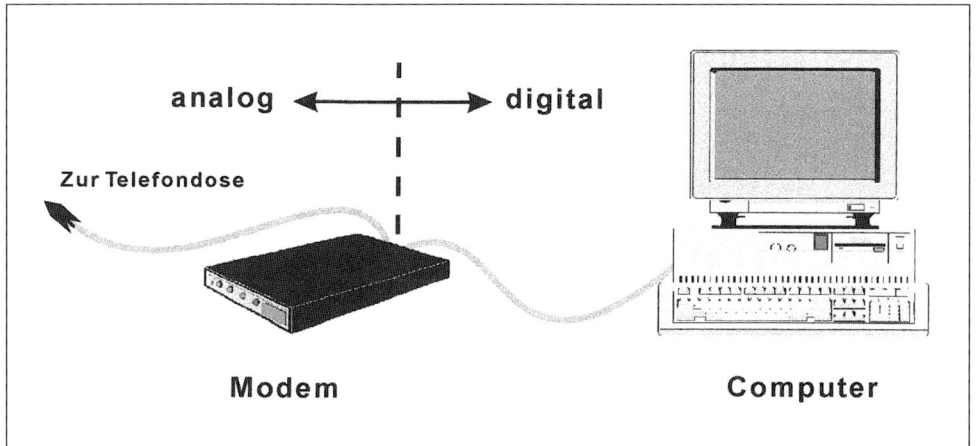

analog ⟵━━━╋━━━⟶ **digital**

Zur Telefondose

Modem   **Computer**

53 *Bei einem normalen analogen Telefonanschluß sorgt ein Modem für die Signalwandlung zwischen PC und Telefonnetz.*

Die Praxis

PC und Modem sind eingeschaltet, die Software des Online-Dienstes ist gestartet. Als nächstes teilen wir der Software durch Anklicken eines Symbols oder Eingeben eines Befehls unsere Internet-Pläne mit.

Daraufhin wird uns das System wahrscheinlich fragen, ob wir uns in das *WWW, USENET, TELNET...* begeben möchten. Wir wählen WWW: World Wide Web. Dieses Netz ist das größte innerhalb des Internets. Die Daten sind in Form von Seiten *(web pages)* organisiert. Es ist möglich, beispielsweise über bestimmte hervorgehobene Textstellen *(highlighted hypertext)*, zu anderen Webseiten zu gelangen. Dabei können sich diese Seiten aber auf einem ganz anderen Computer befinden. Man ist also bei der »Navigation« im Netz nicht an eine bestimmte Reihenfolge gebunden. Vielmehr ist es möglich, sich von *hypertext* zu *hypertext* innerhalb der Datenbestände eines Computers oder auch von Rechner zu Rechner zu hangeln. Das bedeutet, wir sind in einem Augenblick auf dem Rechner eines Max-Planck-Institutes in Deutschland und im nächsten Augenblick vielleicht im GLONASS-Informationssystem der GUS, um von da einen kleinen Sprung in die USA zum Rechner einer Firma zu machen, die kombinierte GPS-GLONASS-Empfänger anbietet. Offenbar tun sich hier phantastische Möglichkeiten auf.

Auf welchen Webseiten finden wir aber nun GPS-Informationen? Wenn man keine konkrete Adresse kennt, kann man *Suchmaschinen* einsetzen. Das sind Software-Werkzeuge, die das Netz sehr effektiv nach bestimmten Begriffen durchsuchen können. Auf solche Werkzeuge könnten wir zugreifen. Wenn wir allerdings als Suchbegriff GPS eingeben, wären wir den Rest des Jahres mit dem Sichten der gefundenen Seiten beschäftigt.

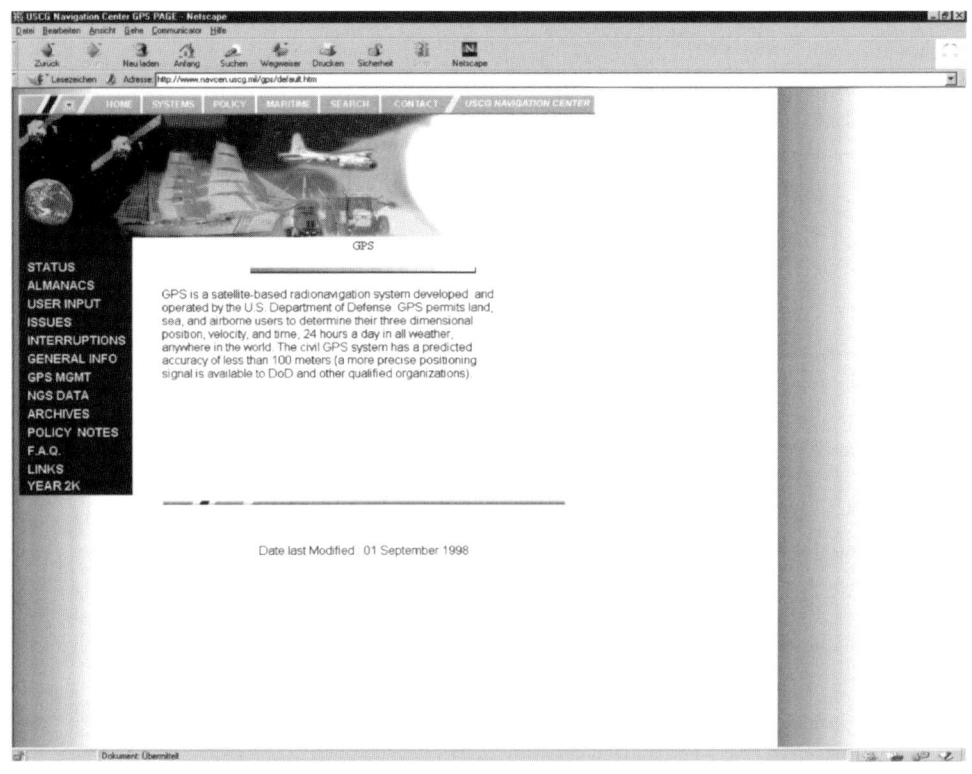

54 *GPS-Seite des U.S. Coast Guard Navigation Centers. Durch Anklicken der Begriffe in der linken Spalte können zu praktisch allen mit GPS zusammenhängenden Fragen Informationen abgerufen werden. Auch das endlos diskutierte Jahr-2000-Problem (was machen Rechner und Software beim Übergang vom 31. Dezember 1999 24.00 zum 01. Januar 2000 00.00?) fehlt nicht. In der linken Spalte unten finden Sie YEAR2K. Wären Sie darauf gekommen, daß das »Jahr 2000« heißen soll? Selbst auf einer offiziellen Behörden-Seite geht es in den USA wohltuend locker zu.*

Statt dessen gehen wir von einer konkreten Adresse aus, nämlich von *http://www.navcen.uscg.mil.* Nach dem Eintippen und einiger Warterei erscheint ein tolles Farbbild auf unserem Monitor. Tafel 1 auf S. 33 gibt trotz der starken Verkleinerung noch einen ungefähren Eindruck.

Klicken wir jetzt auf »Systems«, erscheint eine hier nicht abgedruckte Seite, auf der man »DGPS«, »GPS«, »LORAN-C« oder »OMEGA« anklicken kann. Wird »GPS« gewählt, wird das in Abb. 54 schwarzweiß wiedergegebene Monitorbild angezeigt. Jeder Begriff in der linken Spalte stellt wieder

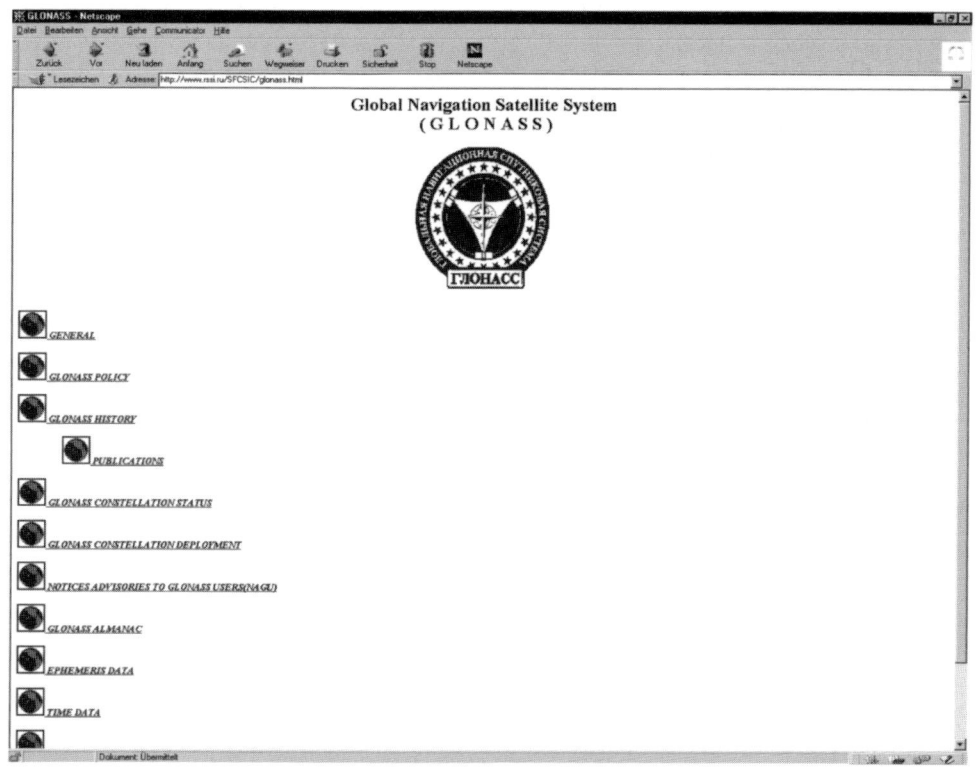

eine Hypertext-Verbindung zu den entsprechenden Informationen dar.

Über »LINKS« (vorletzte Zeile in der linken Spalte) erreichen wir weitere Informationsquellen. Davon sind besonders interessant die Seiten des *MIT/LL* (das *Lincoln Laboratory* des in »Computerkreisen« berühmten *Massachusetts Institute of Technology*) und der *University of Maine*. Über sie kommen wir zum Beispiel zur Glonass-Seite des *Coordinational Scientific Information Centers of Russian Space Forces*. Abb 55 zeigt die entsprechende Webseite.

Zum Abschluß zeige ich Ihnen noch zwei weitere Webseiten. Einmal eine Seite der

55 Glonass-Seite des Coordinational Scientific Information Centers of Russian Space Forces. Die Verbindung ist meist sehr langsam. Selbst auf das Herunterladen dieser – verglichen mit sonstigen opulenten Webseiten sehr spartanischen – Version muß man warten. Für Glonass-Interessenten sei http://satnav.atc.ll.mit.edu empfohlen. Damit gelangt man zu speziellen Glonass- (und GPS-) Pages des berühmten Massachusetts Institute of Technology (MIT).

Firma Garmin (http://www.garmin.com), Abb. 56, und eine Seite, die für uns als Segler besonders interessant ist, auch wenn sie

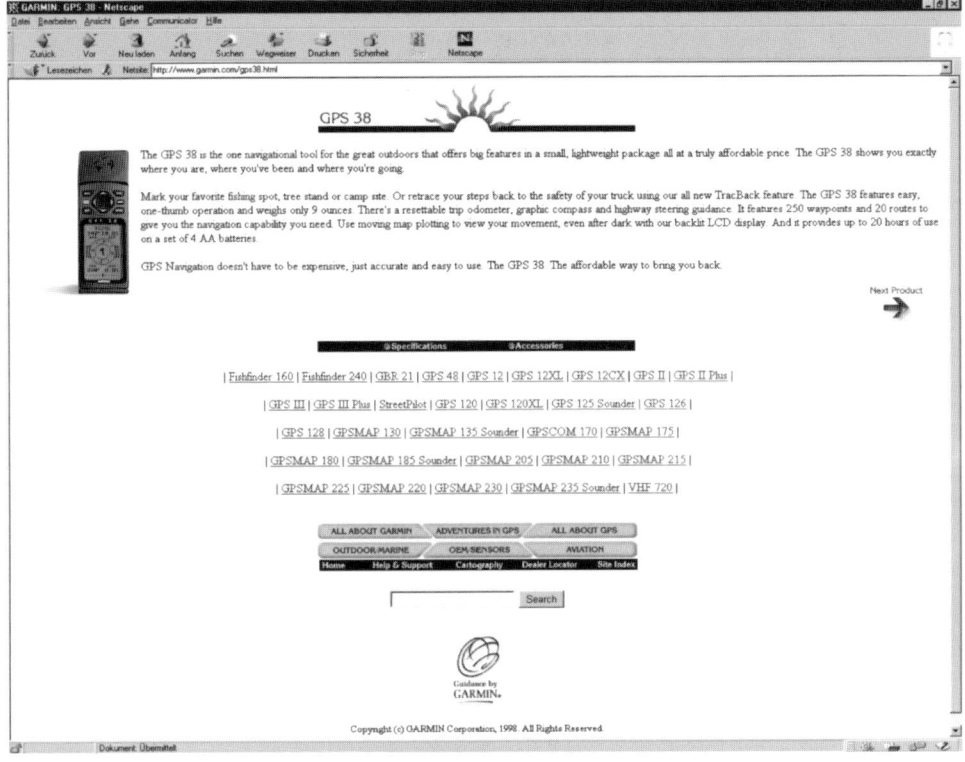

56 *Eine Webseite der Firma Garmin mit Informationen zu unserem Beispielgerät, dem GPS 38.*

mit GPS direkt nichts zu tun hat (Abb. 57). Wenn Sie die gezeigten Seiten aufrufen, hat sich deren Aussehen mit hoher Wahrscheinlichkeit schon wieder geändert, möglicherweise sind sie auch schon durch andere ersetzt worden. Im Netz ist alles in Bewegung, jeder versucht beim *web publishing,* so aktuell wie möglich zu sein und sich so attraktiv wie nur irgendwie möglich zu präsentieren.

57 Eine im Original natürlich ebenfalls farbige und besonders schöne Segler-Seite im Web. Von hier aus hat man Zugriff auf praktisch alles, was irgendwie mit dem Segeln zu tun hat – aus amerikanischer Perspektive. Ich war, wie Sie an der fettgedruckten Zahl erkennen können, offenbar der 175142. »Besucher« dieser Seite.

GIBS: GPS-Informations- und Beobachtungssystem

Das Bundesamt für Kartographie und Geodäsie, Außenstelle Leipzig, stellt mit dem System *GIBS* für deutsche Nutzer u. a. Informationen zu GPS und zu GLONASS bereit. GIBS kann einmal über das World Wide Web erreicht werden: http://gibs.leipzig.ifag.de. Abb. 58 zeigt die home page. Alternativ ist ein Modem-Zugang möglich: 0341 5634-387 oder 0341 5634-388. Dafür brauchen Sie lediglich ein Modem und eine einfache Software, die normalerweise zusammen mit dem Modem geliefert wird. Alternativ könnten Sie auch die in WINDOWS integrierte Software verwenden. Es entfällt also die Notwendigkeit, Mitglied bei einem Online-Dienst zu werden.

Zu bemerken ist aber, daß Sie hier wohl die wesentlichen Informationen abrufen können, daß GIBS aber doch eher an den Interessen von Geodäten und vielleicht noch Nutzern aus der Berufsschiffahrt ausgerichtet ist.

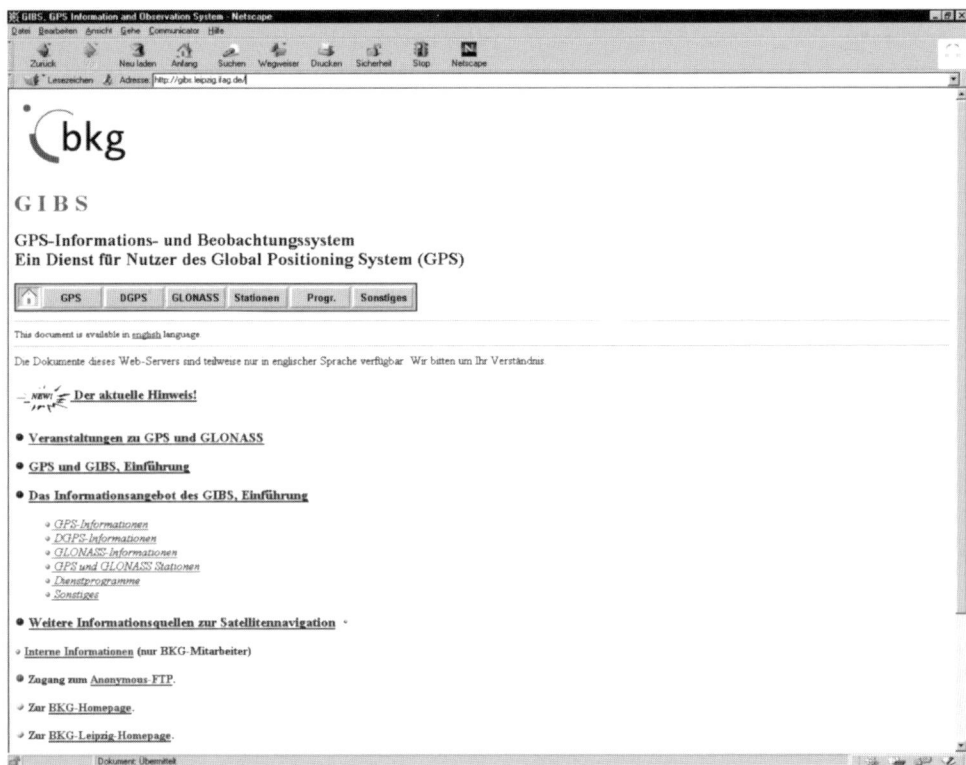

58 *Home page des GIBS in Leipzig (Bundesamt für Kartographie und Geodäsie).*

Fazit

Fairerweise sollte ich aber noch einige Anmerkungen machen. Was sich hier beim Lesen relativ einfach ausnimmt, kann bei Ihren eigenen ersten Versuchen zu einer harten Geduldsprobe werden. Nicht nur, daß Ihr System aus Hard- und Software erst einmal laufen muß; das ist ja vielleicht bei einigen Computer-Kenntnissen noch hinzubekommen. Das Hauptproblem ist, daß das Netz von niemandem kontrolliert wird. Es gibt zwar einige Standards, trotzdem ist der Zustand des World Wide Web mit dem Begriff »Chaos« wohl zutreffend beschrieben.

Hinzu kommt, daß die Übertragungszeiten, vor allem natürlich abends und am Wochenende, unzumutbar lang werden. Gehässige Menschen deuten die Abkürzung »www« daher auch als »wait wait wait«. Ein weiterer unangenehmer Effekt ist die zunehmende Kommerzialisierung. Jedes neue Hollywood-Science-Fiction-Spektakel von »Contact« über »Godzilla« bis »Lost in Space« ist mit Werbeseiten, Gewinnspielen und Bildschirmschonern vertreten. Jede Firma wirbt mit eigenen Webpages, jede 1000-Seelen-Gemeinde stellt ihre einmaligen Sehenswürdigkeiten groß heraus, viele Privatleute und Hobby-Programmierer haben inzwischen eine eigene Seite. Das führt dann dazu, daß es zu bestimmten Zeiten kein Durchkommen mehr gibt und daß mancher Einsteiger nach kurzer Zeit frustiert aufgibt, da nach seiner Meinung »im Internet ja doch nur Schrott zu finden ist«.

Trotzdem muß man wohl davon ausgehen, daß das Internet langsam, aber sicher zum integralen Bestandteil der Medienlandschaft »mutiert«, wie man unschwer der jeden Abend im Windows-Look daherkommenden »Tagesschau« mit eingeblendeter Webadresse entnehmen kann.

Wenn Sie Interesse haben, testen Sie das Internet am besten bei Bekannten. Erst danach sollten Sie sich entscheiden. Und eines ist noch wichtig: Eigentlich wollten wir ja segeln und nicht so lange vorm PC hocken, bis unsere Augen sich der Rechteckform des Monitors annähern! Also, außerhalb der Saison, im Winter, mag die Computerei ja vielleicht noch angehen, für den Sommer und den knappen Urlaub haben wir aber bestimmt andere und bessere Pläne.

Internet-Chinesisch

Browser (Web-Browser): Nutzer-Software, die den Zugang zu **HTML**-Dokumenten und anderen Resourcen erlaubt.

E-Mail: Electronic Mail, elektronische Post. Mit dieser Technik ist es möglich, ekektronische Briefe zu versenden und zu empfangen. Die Briefe gelangen in einen elektronischen Briefkasten. Eine entsprechende Software benachrichtigt dann den Empfänger. Dieser entnimmt den Brief und kann ihn dann auf seinem System lesen.

E-Mail-Adresse: Ein Beispiel finden Sie in Abb. 57 auf S. 85. Die **E-Mail-Adresse** des **WebMasters** Stephen Jones lautet: s.jones@gpu.srv.ualberta.ca.

Home Page: Allgemein verwendete Webseite, die als Ausgangs- und Bezugsseite dient. Sie enthält in der Regel ein Inhaltsverzeichnis und **Links** zu anderen Webseiten.

HTML: Hypertext Markup Language. Textauszeichnungssprache, in der die Dokumente im **WWW** abgefaßt sind.

HTTP: Hyper Text Transmission/Transfer Protocol. Protokoll, mit dem Dokumente im WWW vom Absender (Web-Server) zum Empfänger **(Web-Client / Browser)** übertragen werden.

Hypermedia: Erweiterung von **Hypertext**, nicht auf Text beschränkt. Enthält darüber hinaus Grafik, Bilder und andere Informationsformen.

Hypertext: Über markierte (z. B. unterstrichene) Textstellen ist ein Verweis auf andere Dokumente möglich.

Internet: Der weltgrößte Zusammenschluß von Rechnernetzwerken. Verbunden sind dabei Rechner (Netzwerke) von öffentlichen Einrichtungen, von Forschungs- und Universitätsinstituten, von Firmen und teilweise auch von Privatleuten.

Link: Verbindung zu anderen Webseiten desselben Systems oder Verbindung zu anderen Rechnern.

Telnet: Hier handelt es sich um ein bestimmtes Protokoll, das den Zugang zu anderen Rechnern ermöglicht, um eine Art »Fernbedienung« eines fremden Rechners.

URL: Uniform Resource Locator. Adressen im Internet, an denen Information zur Verfügung steht.

Usenet: Ein Netzwerk sogenannter »Newsgroups«, die jeweils ein ganz bestimmtes Thema abdecken. Sie dienen wesentlich als Diskussionsforum.

WebMaster: Ist für die jeweilige(n) Webseite(n) verantwortlich und nimmt Anregungen, Kritik entgegen. Erreichbar über die angegebene E-Mail-Adresse.

Web-Server: Server (Rechner), der u. a. Dokumente speichern, absenden und empfangen kann.

WWW: World Wide Web, weltweites und weltgrößtes Informationssystem im **Internet**.

Kleines Lexikon wichtiger GPS- und Navigations-Begriffe

2D-Mode: Betriebsart des GPS-Empfängers für die Seefahrt, es werden Breite und Länge angezeigt

2DRMS: Radius des Fehlerkreises, in dem man mit 95% Wahrscheinlichkeit steht

3D-Mode: Betriebsart des GPS-Empfängers, in der Breite, Länge und Höhe ausgegeben werden

Accuracy: Genauigkeit

activate, to: (Wegpunkt) aktivieren

Alarm Circle: Alarmkreis um einen Wegpunkt

Altitude Höhe: Wird im 3D-Mode vom GPS-Navigator angezeigt. In der Seefahrt wird der GPS-Navigator, falls möglich, im 2D-Mode betrieben (nur Breite und Länge)

Backlight: Hintergrundbeleuchtung des Displays

Battery Saver Mode: Batteriespar-Modus

Beacon Receiver: Empfänger für die Korrektursignale von DGPS

Bearing: Peilung

CDI: Course Deviation Indicator. Grafische Darstellung auf dem Display, aus der XTE nach Größe und Richtung (Steuerbord, Backbord) entnommen werden kann

CEP: Circular Error Probable. Radius des Fehlerkreises, in dem man mit 50% Wahrscheinlichkeit steht

clear, to: löschen

CMG: s. Course Made Good

COG: s. Course over Ground

Compass Bearing: Magnetkompaßpeilung

Compass Course: Kompaßkurs

Compass Error (Correction): Fehlweisung des Magnetkompasses

Compass North: Magnetkompaß-Nord

Correction Data: Korrektursignale für DGPS

Correction for Current: Beschickung für Strom

Course Deviation Indicator: s. CDI

Course Line: Kurslinie

Course Made Good: tatsächlich gefahrener Kurs über Grund

Course over Ground: Kurs über Grund

create, to: (Route) erstellen

Cross Track Distance: s. XTE

Cross Track Error: s. XTE

Dead Reckoning Position: Loggeort

define, to: (Wegpunkt, Route) definieren

delete, to: (Wegpunkte, Routen) löschen

Destination Waypoint: Zielwegpunkt, aktivierter Wegpunkt

Deviation: Ablenkung des Magnetkompasses

Display: Anzeigebildschirm

Distance: Abstand, Distanz

DOP: Dilution of Precision. Faktor zur Kennzeichnung der Unsicherheit einer GPS-Position

Drift: Stromgeschwindigkeit

DRMS: Radius des Fehlerkreises, in dem man mit 68% Wahrscheinlichkeit steht

Estimated Time of Arrival: s. ETA

ETA: Estimated Time of Arrival. Voraussichtliche Ankunftszeit bei einem Wegpunkt, berechnet mit der aktuellen Fahrt über Grund

Feet: Mehrzahl von Foot (1 Fuß ≈ 0,30 m)

Fix: beobachteter Ort (z. B. mit GPS bestimmt)

GMT: Greenwich Mean Time (identisch mit der heute in Deutschland nicht mehr zulässigen alten Bezeichnung MGZ)

Great Circle: Großkreis

Ground Speed: Fahrt über Grund

HDOP: Horizontal Dilution of Precision. Faktor zur Kennzeichnung der Genauigkeit einer 2D-Position, soll möglichst klein sein

highlight, to: hervorheben. Auf dem Display wird zum Beispiel eine Zahl oder eine Abkürzung durch Invertierung hervorgehoben (helle Zeichen auf dunklem Untergrund)

Horizontal Dilution of Precision: s. HDOP

insert, to: (Wegpunkte) einfügen in eine bereits vorhandene Route

invert, to: (Route) umkehren, Wegpunkte einer Route werden in umgekehrter Reihenfolge abgesegelt

Knot: Knoten, sm/h

Latitude: Breite

LCD: Liquid Crystal Display, Flüssigkristall-Bildschirm

Leeway Correction: Beschickung für Wind

Line of Position: Standlinie

Longitude: Länge

Magnetic Bearing: mißweisende Peilung

Magnetic Course: mißweisender Kurs

Magnetic North: mißweisend Nord

Magnetic Variation: s. Variation

Maintenance: Wartung

Map Datum: Kartendatum

Man over Board Function: s. MOB

Mask Angle: Maskierungswinkel. Nur solche GPS-Satelliten, deren Höhe größer ist als dieser Winkel, werden vom Navigator berücksichtigt

Memory: Speicher

MOB: Man over Board Function, Man-über-Bord-Funktion

Nautical Mile: Seemeile

NM: Nautical Mile, Seemeile

Operating Mode: Betriebsart

PDOP: Position Dilution of Precision. Faktor zur Kennzeichnung der Genauigkeit einer 3D-Position, soll möglichst klein sein

Proximity Alarm: Annäherungsalarm bei Überschreitung des Alarmkreises um einen Wegpunkt

Position Dilution of Precision: s. PDOP

Reference Waypoint: Bezugswegpunkt. Die Position eines neuen Wegpunktes kann festgelegt werden über Peilung und Abstand zu diesem Bezugswegpunkt

Relative Bearing: Seitenpeilung

rename, to: (Wegpunkte, Routen) umbenennen

Rhumb Line: Loxodrome (Linie konstanten Kurses)

Set: Stromrichtung

SMG: s. Speed Made Good

SOG: s. Speed over Ground

Speed Made Good: Fahrt über Grund in Richtung des Kurses

SPS: Standard Positioning Service, Standard-Ortsbestimmungsdienst mit reduzierter Genauigkeit für zivile Nutzer

Speed over Ground: Fahrt über Grund in Richtung der tatsächlichen Bahn

Standard Positioning Service: s. SPS

Statute Mile: amerikanische Landmeile, etwa 1,6 km

store, to: speichern

Track: Kartenkurs. Auch in der Bedeutung von beabsichtigtem Weg (Bahn) zwischen zwei Wegpunkten verwendet

True Bearing: rechtweisende Peilung

True Course: Kartenkurs

True North: rechtweisend Nord

Units: Einheiten

UTC: Universal Time Coordinated. Weltzeit, wird vom GPS-Navigator bestimmt

Variation: Mißweisung, auch: Magnetic Variation

Velocity over Ground: Fahrt über Grund

Waypoint: Wegpunkt

XTE: Cross Track Error. Versetzung, gemessen senkrecht zur Verbindungsstrecke zwischen zwei Wegpunkten bzw. senkrecht zum Sollkurs

XTD: Cross Track Distance, s. XTE

Zonal Time: Zonenzeit. Bei GPS-Navigatoren oft auch nicht korrekt als Local Time bezeichnet

Stichwortverzeichnis

Abbildungsnachweis

Abb. 1, 47, 48: Elna, Rellingen.

Farbtafel 4: Ausschnitt aus der US-Karte 19347 mit freundlicher Genehmigung des U. S. Departments of Commerce, National Oceanic and Atmospheric Administration.

Abb. 7, 22, 31, Farbtafeln 2 und 3: Ausschnitte aus Sportbootkartensatz Nr. 3003 »Flensburg bis Kiel«. Mit freundlicher Genehmigung des BSH.

Abb. 44: Delius Klasing, Bielefeld.

Abb. 53: Unter Verwendung von Cliparts der Firma Corel Corporation, Ottawa, Canada.

Alle übrigen Abbildungen vom Verfasser.

Den genannten Firmen und Institutionen sei an dieser Stelle nochmals gedankt. Ganz besonderer Dank gilt auch meinen Kollegen D. Lübbers und D. Schoppmeyer für ihre Unterstützung.

Die Chart-Plotter-Software der neuen Generation

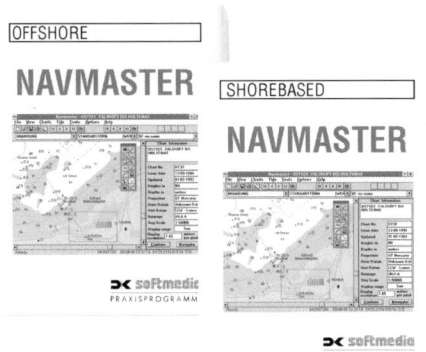

NAVMASTER ist ein zukunftweisendes System, das besonderen Wert legt auf einfachste Bedienung, effizientes Informationsmanagement für die Navigation und Kompatibilität in bezug auf zukünftige Entwicklungen im Bereich der Navigation mit elektronischen Seekarten. Obwohl nicht einmal ein Jahr auf dem Markt, stellt NAVMASTER seine Leistungsfähigkeit bereits nicht nur auf zahlreichen Yachten unter Beweis. Einige Tanker von Shell nutzen NAVMASTER ebenso wie eine Katamaran-Fähre der Stena Line. Auch alle 14 Yachten des derzeitigen „BT Global Challenge round-the-world-race" sind mit NAVMASTER ausgerüstet. NAVMASTER unterstützt Ihre komplette Törnplanung und Navigation. Sie können Wegepunkte setzen, Routen erstellen und Steuerkurse berechnen lassen (loxodrome und orthodrome Berechnung). Für Gezeitengewässer gibt es eine Option zur Nutzung des leistungsfähigen Proudman-Tidenstrom-Atlas. Im Chartplotter-Modus werden alle wichtigen NMEA-Daten auf dem Bildschirm angezeigt (u.a. GMT, COG, SOG, HDG, SPD, Entfernung und Kurs zum nächsten Wegepunkt, XTE). NAVMASTER ist in der Lage, mit zwei Kartensystemen zu arbeiten: Sie haben die Wahl zwischen den Vektor-Karten der Fa. Euronav/ Livechart und den Raster-Karten der British Admiralty, den sog. ARCS-Karten. Diese Karten sind die ersten elektronischen Seekarten eines Hydrographischen Institutes und werden wöchentlich aktualisiert! Als weiteres Highlight bietet Ihnen NAVMASTER die Möglichkeit, Zusatzinformationen zu der Seekarte in Form von Grafiken, Fotos oder gar Videos an eine beliebige Stelle auf der Karte zu hinterlegen. Ein Klick auf diese sog. „Infopunkte" – und Sie sehen z.B. eine Luftaufnahme einer schwierigen Ansteuerung. Als Windows-Programm ist NAVMASTER – obwohl (noch) nicht für Windows 95 optimiert – multitaskingfähig, d.h. während Sie plotten, kann z.B. eine Navtex-Meldung mit PC WETTERFAX empfangen werden. NAVMASTER gibt es in zwei Versionen: Als Version Shorebased ohne NMEA-Kabel und ohne die für den GPS-Anschluß notwendigen Funktionen. Und als Vollversion „Offshore" inkl. NMEA-Kabel. Ein Update von Shorebased auf Offshore ist möglich! Bitte fordern Sie ausführliche Informationen und unsere Seekartenliste auf Diskette an.

Extras: Updates: Wayplanner auf Navmaster Offshore und Shorebased auf Offshore, Original Navmaster NMEA-Kabel für den GPS-Anschluß

Systemanforderungen: 486 DX, Windows 3.X oder Windows `95, 8 MB RAM, SVGA Grafikkarte, serielle Schnittstelle für GPS-Anschluß.

Erhältlich im Buch- und Fachhandel

DELIUS KLASING